きちんと使いこなす！

# 「単位」のしくみと基礎知識

白石 拓 [著]
Shiraishi Taku

178点のイラストと表で
単位の成り立ちの
「どうして？」
がわかる！
★★★★★

日刊工業新聞社

# はじめに

　世界の国や地域、学問分野、産業界には、それぞれ独自の単位・単位系が存在します。それらの中には慣習的に、あるいは使い勝手のよさなどから根強い支持を得て、古くから使用され続けているものもあります。しかし、他者と議論をする場合、それぞれが持ち寄る数値の単位がバラバラであったら、いちいち換算する必要があり、不便極まりないことになります。たとえば、長さの単位として日本人が「尺」を使い、アメリカ人が「インチ」を使い、そしてヨーロッパの人が「メートル」を使っていたら、混乱すること必至です。

　そうした弊害をなくすために、国際的に統一された単位を決めようと生まれたのが国際単位系（英語で「International System of Units」、以下SI単位と表記）です。SI単位系では次の7つの基本単位、すなわち、長さの単位のメートル［m］、質量の単位のキログラム［kg］、時間の単位の秒［s］、電流の単位のアンペア［A］、温度の単位のケルビン［K］、物質量の単位のモル［mol］、光度の単位のカンデラ［cd］が柱となっています。すべての物理量は、この7つの基本単位と、それらを組み合わせた組立単位で表現されます。物理量とは、物理的な属性や性質、状態などを表す量をいい、明確な方法で大きさが定まります。

### ●SI基本単位の新定義の意味

　2018年秋、国際度量衡総会でSI基本単位の定義について大幅な見直しがおこなわれました。7つの基本単位すべてにおいて再定義がなされ、そのうちのいくつかは抜本的な改定となりました。最もエポックメーキングだったのは質量の単位キログラムの再定義です。詳細は2章に譲るとして、簡単に述べると、これまで「1キログラム」は、合金でつくられた1キログラムの円柱形の分銅（キログラム原器という）があり、それと同じ質量の物が「1kg」とされていました。

　以前は長さの単位メートルにも「メートル原器」がありましたが、すでに廃止され、現在は光の速さを基にした定義に変わっています。そのため、"物"を基準とした定義がなされた基本単位はキログラムだけになっていました。それが2018年に改められ、キログラムも物理定数を基に定義されることになっ

たのです。

　新定義は、2019年5月20日の世界計量記念日から正式運用となりました。もっとも、SI基本単位の定義が変更されたといっても、実質的に社会生活において直接的な影響はありません。しかし、今回の改定によってすべての基本単位が正確に定められた普遍的な物理量を基準としたことで、量子力学とナノ技術に新風が吹き込まれ、多くの科学技術分野でイノベーションが巻き起こる可能性があります。基本単位の再定義は、これまでの科学技術発展の成果によるものであると同時に、未来のための土台作りの意味合いも併せ持つのです。

　本書では、まず1章と2章において、SI基本単位の新定義を紹介します。

### ●単位の"意味"を理解する

　さて、本書はさまざま学問分野や産業分野で使用されている単位について、幅広く、SI単位を軸に説明しています。しかし、ただ単位を紹介し、覚えていただくことを目的としていません。単位からその数値がどのような物理的な意味を持ち、またいかにして算出できるかを理解することに主眼を置いています。仮に、資格試験や学校の試験を受験する場合、単位の丸暗記では真に知識・学力が身に付いたとはいえません。単位の意味を知って、単位どうしのつながりが理解できたり、単位を他の組立単位に換算したりすることができてこそ、単位とその背景にある物理的意味を理解できたといえるでしょう。

　また、本書では、SI単位以外の単位や、単位ではない「指標」などについても取り上げています。それは前述のように、特定の学問・産業分野において慣習として伝統的な非SI単位が使用されている例が多々あるからです。たとえば、宇宙の距離を表す単位である光年［ly］は、SI単位系では使用が認められていない非SI単位です。また、地震の規模を表すマグニチュードは、厳密にいえば「単位」ではなく、指標（指数）です。しかし、これらは天文学や地震学の分野でふつうに使用され、一般社会でも広く知られているため、本書でも取り上げています。

　本書が「単位」とその背景にある「意味」を知るための一助となることを願っています。

2019年3月吉日　白石　拓

# CONTENTS

きちんと使いこなす！「単位」のしくみと基礎知識

はじめに ........................................................................ 001

## 第1章
# 国際単位系とは

1　国際単位系（SI単位系） ........................................ 010
　● SI単位系の構造 ........................................................ 010
　● SI基本単位の新定義 ................................................ 012

コ・ラ・ム ❶　数値の桁を表す接頭語──倍量 ........................ 014

## 第2章
# 7つのSI基本単位

### ● SI基本単位

**2-1**　長さ：m（メートル） ........................................ 016
**2-2**　質量：kg（キログラム） ................................... 018
**2-3**　時間：s（秒） .................................................. 020
**2-4**　電流：A（アンペア） ....................................... 022
**2-5**　温度：K（ケルビン） ....................................... 024
**2-6**　物質量：mol（モル） ...................................... 026
**2-7**　光度：cd（カンデラ） ..................................... 028

003

コ・ラ・ム ❷　数値の桁を表す接頭語──分量 ……………………………………… 030

# 第3章
# 単位を読み解く

## ●サイズの単位

- **3-1**　面積：m²（平方メートル） …………………………………………… 032
- **3-2**　体積：m³（立方メートル） …………………………………………… 034
- **3-3**　①平面角：rad（ラジアン）　②立体角：sr（ステラジアン） ……… 036
- **3-4**　①密度：kg/m³（キログラム毎立方メートル）　②比重：無次元量 … 038

## ●力学の単位

- **3-5**　①速さ（速度）：m/s（メートル毎秒）　②加速度：m/s²（メートル毎秒毎秒） … 040
- **3-6**　力：N（ニュートン） ……………………………………………………… 042
- **3-7**　①質量：kg（キログラム）　②重さ：N（ニュートン） ……………… 044
- **3-8**　①運動量：kg·m/s（キログラムメートル毎秒）　②力積：N·s（ニュートン秒） … 046
- **3-9**　①仕事：J（ジュール）　②仕事率：W（ワット）　③エネルギー：J（ジュール） ………………………………………………………………… 048
- **3-10**　①角速度：rad/s（ラジアン毎秒）　②角加速度：rad/s²（ラジアン毎秒毎秒） … 050
- **3-11**　①慣性モーメント：kg·m²（キログラム平方メートル）　②角運動量：N·m·s（ニュートンメートル秒） …………………………………… 052
- **3-12**　①トルク：N·m（ニュートンメートル）　②出力（馬力）：W（ワット） … 054
- **3-13**　①圧力：Pa（パスカル）　②気圧：hPa（ヘクトパスカル） ………… 056

## ●電気と磁気の単位

| | | |
|---|---|---|
| 3-14 | ①電気量：C(クーロン)　②磁気量：Wb(ウェーバ) | 058 |
| 3-15 | ①電気力線の数：V·m(ボルトメートル)②磁力線の数：A·m(アンペアメートル) | 060 |
| 3-16 | ①電場：N/C(ニュートン毎クーロン)　②磁場：N/Wb(ニュートン毎ウェーバ) | 062 |
| 3-17 | ①電束：C(クーロン)　②磁束：Wb(ウェーバ) | 064 |
| 3-18 | ①誘電率：F/m(ファラド毎メートル)　②透磁率：H/m(ヘンリー毎メートル) | 066 |
| 3-19 | ①電位：V(ボルト)　②磁位：A(アンペア) | 068 |
| 3-20 | 電気双極子モーメント：D(デバイ)　②磁気モーメント：A·m$^2$(アンペア平方メートル) | 070 |
| 3-21 | 電圧：V(ボルト)　②起磁力：A(アンペア) | 072 |
| 3-22 | ①電気抵抗：Ω(オーム)　②磁気抵抗：H$^{-1}$(毎ヘンリー) | 074 |
| 3-23 | ①電力：W(ワット)　②電力量：J(ジュール) | 076 |
| 3-24 | ①静電容量：F(ファラド)　②インダクタンス：H(ヘンリー) | 078 |
| 3-25 | ①インピーダンス：Ω(オーム)　②アドミタンス：S(ジーメンス) | 080 |

## ●光の単位

| | | |
|---|---|---|
| 3-26 | ①波長：m(メートル)　②周波数：Hz(ヘルツ)　③周期：s(秒) | 082 |
| 3-27 | ①輝度：cd/m$^2$(カンデラ毎平方メートル)　②照度：lx(ルクス) | 084 |
| 3-28 | ①屈折率：無次元量　②屈折度：D(ディオプトリ) | 086 |
| 3-29 | ①光束発散度：rlx(ラドルクス)　②透過率：%(パーセント)　③吸光度：Abs(アブス) | 088 |
| 3-30 | ①透明度：m(メートル)　②透視度：度　③濁度：度 | 090 |

## ●音の単位

| | | |
|---|---|---|
| 3-31 | ①音圧：Pa(パスカル)　②音圧レベル：dB(デシベル) | 092 |
| 3-32 | ①A特性音圧レベル(騒音レベル)：dB(A)(デシベルエー)　②音の大きさ | |

|  |  |  |
|---|---|---|
|  | レベル：phon（フォン） | 094 |
| 3-33 | ①音の強さ：W/m² （ワット毎平方メートル）　②音響パワー：W（ワット） | 096 |
| 3-34 | ①音の高さ：mel（メル）　②音程：cent（セント） | 098 |

### ●熱工学の単位

| 3-35 | ①熱量：J（ジュール）　②熱容量：J/K（ジュール毎ケルビン）　③比熱：J/(g・K)（ジュール毎グラム毎ケルビン） | 100 |
|---|---|---|
| 3-36 | ①熱流束：W/m² （ワット毎平方メートル）　②熱伝導率：W/(m・K)（ワット毎メートル毎ケルビン） | 102 |
| 3-37 | ①エントロピー：J/K（ジュール毎ケルビン）　②エンタルピー：J（ジュール） | 104 |

### ●硬さの単位

| 3-38 | ①硬さ：kgf/mm² （キログラム重毎平方ミリメートル）　②モース硬度：指標 | 106 |
|---|---|---|

### ●粘りけの単位

| 3-39 | ①粘度：Pa・s（パスカル秒）　②動粘度：m²/s（平方メートル毎秒） | 108 |
|---|---|---|

### ●放射能と放射線の単位

| 3-40 | ①放射能：Bq（ベクレル）　②照射線量：C/kg（クーロン毎キログラム） | 110 |
|---|---|---|
| 3-41 | ①吸収線量：Gy（グレイ）　②被爆線量：Sv（シーベルト） | 112 |

### ●化学の単位

| 3-42 | ①モル濃度：mol/m³ （モル毎立方メートル）　②質量濃度：kg/m³ （キログラム毎立方メートル） | 114 |
|---|---|---|

**3-43** ①電離度：無次元量　②水素イオン指数（pH）：指標 ……… 116

**3-44** ①活性化エネルギー：J/mol（ジュール毎モル）　②触媒活性：kat（カタール）

　　　③化学反応速度：mol/（L·s）（モル毎リットル毎秒） ……… 118

**3-45** 気体定数：J/（mol·K）（ジュール毎モル毎ケルビン） ……… 120

## ●原子の世界の単位

**3-46** ①長さ（オングストローム）：Å　②ボーア半径：$a_0$　②面積（バーン）：b … 122

**3-47** ①質量（ダルトン）：Da　②統一原子質量単位：u ……… 124

**3-48** ①ハートリー：Hartree（$E_h$）　②リュードベリ：Ry（$E_{Ryd}$）　③電子ボルト：eV
　　　……… 126

**3-49** ①時間の原子単位：$\hbar/E_h$　②時間の自然単位：$\hbar/(m_e \cdot c^2)$　③スヴェドベリ：S
　　　……… 128

**3-50** ①プランク長：$\ell_p$　②プランク質量：$m_p$　③プランク時間：$t_p$ ……… 130

## ●情報通信の単位

**3-51** ①ビット：bit　②バイト：byte　③オクテット：octet ……… 132

**3-52** ①サイクル/命令:CPI②命令/サイクル:IPC③浮動小数点演算:FLOPS … 134

**3-53** ①通信速度:bps（ビーピーエス）、B/s（バイト毎秒）　②変調回数:baud（ボー）

　　　③応答速度：ms（ミリ秒） ……… 136

**3-54** ①解像度：ppi（ピーピーアイ）、dpi（ディーピーアイ）　②文字サイズ：pt

　　　（ポイント） ……… 138

## ●地震の単位

**3-55** ①震度：指標　②SI値：kine（カイン）　③液状化指数：指標 ……… 140

**3-56** ①揺れの加速度：Gal（ガル）　②揺れの速度：kine（カイン） ……… 142

**3-57** マグニチュード：指標 ……… 144

## ●大気現象の単位

- **3-58** ①雲量:指標 ②日射量:kW/m² (キロワット毎平方メートル) ③紅斑紫外線強度:mW/m² (ミリワット毎平方メートル) ............ 146
- **3-59** ①対流有効位置エネルギー:J/kg (ジュール毎キログラム) ②藤田スケール:指標 ③雷の激しさ:指標 ............ 148
- **3-60** ①地球温暖化係数:無次元量 ②二酸化炭素排出原単位(発電):kg-CO₂/kWh (キログラムシーオーツー毎キロワットアワー) ............ 150

## ●海の単位

- **3-61** ①海上の距離:海里(かいり) ②船の速さ:kt(ノット) ............ 152
- **3-62** ①船の総トン数:トン ②排水トン数:トン(t) ............ 154

## ●宇宙の単位

- **3-63** ①光年:ly ②パーセク:pc ③天文単位:AU ............ 156
- **3-64** 太陽質量:$M_☉$ ②地球質量:$M_⊕$ ③木星質量:$M_J$ ............ 158
- **3-65** ①見かけの実視等級:等級 ②絶対等級:(絶対)等級 ............ 160

コ・ラ・ム❸ 割合と個数の単位 ............ 162

索引 ............ 163

参考文献 ............ 167

# 第1章 国際単位系とは

# 国際単位系（SI単位系）

　単位系とは、世の中のさまざまな量を計測するための単位の集まりをいい、一般に基本単位と、基本単位を掛けたり割ったりして組み合わせた組立単位、補助単位などから構成されます。物理学ではこれまで、CGS単位系、MKSA単位系、静電単位系など、多種多様な単位系が用いられてきました。

　CGS単位系とは、基本単位に長さのセンチメートル［cm］、質量のグラム［g］、時間の秒［s］を据えた単位系で、MKSA単位系は、長さのメートル［m］、質量のキログラム［kg］、時間の秒［s］、電流値のアンペア［A］の4つを基本単位とした単位系です。また、静電単位系はCGS単位を力学的基本単位として用い、それにクーロンの法則（→p66）によって定めた電気量の単位を加えたものです。

　そして、これらバラバラに存在する単位系の不便を解消する役割を担い、1960年の国際度量衡総会（CGPM）で導入が決議されたのが国際単位系（SI単位系）です。SI単位系は、MKSA単位系を発展させ、現在は上記4つの基本単位に、温度のケルビン［K］、物質量のモル［mol］、光度のカンデラ［cd］を加えた7つを基本単位としています（上表）。SI単位系は理論的に一貫性を持ち、ほぼすべての物理量をカバーするため、学術分野や計量法規において最も広範囲に採用されています。

◆**SI単位系の構造**

　SI単位系は、上記の7つの基本単位と、基本単位を組み合わせた組立単位からなり、CGPMはこれらのSI単位の使用を推奨しています。とはいえ、現実には特定の学術分野、技術分野、産業界ではSI単位系に属さない多くの非SI単位が慣習的に使用されており、今後も使用が継続されると見込まれることから、それらの一部を併用単位としています。

　SI組立単位には、たとえば面積の［$m^2$］（平方メートル）や速さの［m/s］（メートル毎秒）などの他、力の［$kg・m/s^2$］（キログラムメートル毎秒毎秒）や電気量の［A・s］（アンペア秒）などがあります。ただし、これらのうち力の単位にはニュートン［N］、電気量にはクーロン［C］という固有の名称と記号が与えられており、SI単位系ではそれらの名称・記号の使用も認められています。下表は、固有の名称・記号を持つSI組立単位の一覧です。

第1章 国際単位系とは

## ● SI基本単位

| 物理量 | 単位 | 記号 | 本書の解説ページ |
|---|---|---|---|
| 長さ | メートル | m | →p16 |
| 質量 | キログラム | kg | →p18 |
| 時間 | 秒 | s | →p20 |
| 電流 | アンペア | A | →p22 |
| 温度 | ケルビン | K | →p24 |
| 物質量 | モル | mol | →p26 |
| 光度 | カンデラ | cd | →p28 |

## ● SI組立単位のうち、固有の名称・記号を持つ単位

| 分類 | 単位 | 記号 | 物理量 | 本書の解説ページ |
|---|---|---|---|---|
| 角度 | ラジアン | rad | 平面角 | →p36 |
| 角度 | ステラジアン | sr | 立体角 | →p36 |
| 波 | ヘルツ | Hz | 周波数 | →p82 |
| 力学 | ニュートン | N | 力 | →p42 |
| 力学 | パスカル | Pa | 圧力、応力 | →p56 |
| 力学 | ジュール | J | エネルギー、仕事、熱量 | →p48、76、100 |
| 力学 | ワット | W | 仕事率、出力、電力 | →p48、54、76 |
| 電磁気 | クーロン | C | 電荷、電気量 | →p22、58 |
| 電磁気 | ボルト | V | 電圧、電位差、起電力 | →p72 |
| 電磁気 | ファラド | F | 静電容量 | →p78 |
| 電磁気 | オーム | Ω | 電気抵抗 | →p74、80 |
| 電磁気 | ジーメンス | S | コンダクタンス | →p74、80 |
| 電磁気 | ウェーバ | Wb | 磁気量、磁束 | →p64 |
| 電磁気 | テスラ | T | 磁束密度 | →p64 |
| 電磁気 | ヘンリー | H | インダクタンス | →p78 |
| 熱 | セ氏度 | ℃ | 温度 | →p24 |
| 明るさ | ルーメン | lm | 光束 | →p28、84 |
| 明るさ | ルクス | lx | 照度 | →p84 |
| 放射線 | ベクレル | Bq | （放射性核種の）放射能 | →p110 |
| 放射線 | グレイ | Gy | 吸収線量 | →p112 |
| 放射線 | シーベルト | Sv | 被爆線量 | →p112 |
| 化学 | カタール | kat | 触媒（酵素）活性 | →p118 |

一方、併用単位では、SI単位との「併用を認める」単位と、ただ「併用が見込まれる」だけの単位があります。ただし、「併用を認める」単位であっても、使用を推奨しているわけではありません。併用単位についても、右に掲載しました。

### ◆SI基本単位の新定義

　SI単位系では、導入以来これまで数々の改定・変更が実施され、2018年11月には抜本的な改定を含めた再定義が決議されました。以下に、新定義についてごく簡単に紹介しますが、詳細については第2章で説明しています。

#### ①長さの単位「メートル」について

　従来は真空中での光速度を基に1mを定義。実質的にこれを踏襲するが、光速度を物理定数として固定化。

#### ②質量の単位「キログラム」について

　従来のキログラム原器を廃し、プランク定数を基に算出した光子のエネルギーと等価な質量として1kgを再定義。

#### ③時間の単位「秒」について

　従来はセシウム原子から放射される光の周波数を基準にして1sを定義。実質的にこれを踏襲するが、計測条件をより厳密化した。

#### ④電流の単位「アンペア」について

　従来は電流が流れる2本の導体線間にはたらく力から定義されていたが、電気素量を定数として固定化し、それを基に1Aを再定義。

#### ⑤温度の単位「ケルビン」について

　従来は水の三重点を基に定義されていたが、ボルツマン定数の数値を固定化し、それを基に再定義。

#### ⑥物質量の単位「モル」について

　従来は0.012kgの炭素12に含まれる原子数で定義されていたが、アボガドロ数を定数として固定化することで1molを再定義。

#### ⑦光度の単位「カンデラ」について

　従来は周波数$540×10^{12}$ヘルツ［Hz］の単色の発光効率から［cd］を定義。実質的にこれを踏襲するが、このときの発光効率の数値を683に固定化。

　さて、SI単位系では、単位の種類と定義以外にも、単位の名称や表記方法、単位を決める現象の特定などの、さまざまな規則が定められています。それらについては、第2章以降の解説の中で、必要に応じて説明します。

第1章 国際単位系とは

## ● SIとの併用が認められる非SI単位

| 分類 | 単位 | 記号 | 物理量 | 本書の解説ページ |
|---|---|---|---|---|
| 時間 | 分 | min | 時間 | →p20 |
| 時間 | 時 | h | 時間 | →p20 |
| 時間 | 日 | d | 時間 | →p20 |
| 角度 | 度 | ° | 平面角 | →p36 |
| 角度 | 分 | ′ | 平面角 | →p36 |
| 角度 | 秒 | ″ | 平面角 | →p36 |
| 面積・体積 | ヘクタール | ha | 面積（土地） | →p32 |
| 面積・体積 | リットル | L、l | 体積・容積 | →p34 |
| 質量 | トン | t | 質量 | →p18 |
| 宇宙 | 天文単位 | AU | 距離 | →p156 |
| 原子の世界 | 電子ボルト | eV | エネルギー | →p126 |
| 原子の世界 | 統一原子質量単位 | u | 質量 | →p124 |
| 原子の世界 | ダルトン | Da | 質量 | →p124 |
| 「比」の対数 | デシベルなど | dBなど | dBは音圧で使用 | →p92 |

## ● SIとの併用が見込まれる非SI単位

| 分類 | 単位 | 記号 | 物理量 | 本書の解説ページ |
|---|---|---|---|---|
| 圧力 | バール | bar | 圧力 | →p56 |
| 圧力 | 水銀柱ミリメートル | mmHg | 圧力（血圧） | →p56 |
| 原子の世界 | オングストローム | Å | 長さ | →p122 |
| 原子の世界 | バーン | b | 核反応の反応断面積 | →p122 |
| 海（空） | 海里 | M | 距離 | →p152 |
| 海（空） | ノット | kt | 速さ | →p152 |
| 自然単位系 | 速さの自然単位 | $c$ | 真空中の光速 | →p128 |
| 自然単位系 | 作用の自然単位 | $\hbar$ | ディラック定数（換算プランク定数） | →p130 |
| 自然単位系 | 質量の自然単位 | $m_e$ | 電子質量 | →p128 |
| 自然単位系 | 時間の自然単位 | $\hbar/(m_e \cdot c^2)$ | 時間 | →p128 |
| 原子単位系 | 長さの原子単位 | $a_0$ | ボーア半径 | →p122 |
| 原子単位系 | 作用の原子単位 | $\hbar$ | ディラック定数（換算プランク定数） | →p130 |
| 原子単位系 | 質量の原子単位 | $m_e$ | 電子質量 | →p128 |
| 原子単位系 | 時間の原子単位 | $\hbar/E_h$ | 時間 | →p128 |
| 原子単位系 | 電荷の原子単位 | $e$ | 電気素量 | →p129 |
| 原子単位系 | エネルギーの原子単位 | $E_h$ | ハートリーエネルギー | →p126 |

## コ・ラ・ム 1

# 数値の桁を表す接頭語——倍量

　SI単位系では、倍量の位取りは$10^3$以上から3桁ごとで、現在は$10^{24}$までの接頭語が決まっています。$10^6$以上の接頭語はすべて「a」で終わり、記号は大文字1文字で表します。ただし、$10^3$までの接頭語はメートル法の初期につくられたために、上記のルールは適用されません。

　一方、日本語（漢語）の位取りは、$10^4$以上では4桁ごと。$10^{24}$（秄は和製漢字）より大きい桁もあり、たとえば$10^{68}$は「無量大数（むりょうたいすう）」といいます。ただし、$10^{16}$の「京」以上の数詞が使われることはまれです。

　なお、桁数が大きくなると、たとえば金額を書くときなど、「1,567,432」というように3桁ごとに「,」（カンマ）を入れるのが一般的ですが、SI単位系では「1 567 432」のように半角のスペースを挿入することを薦めています。ただし、本書ではわかりやすさのために「,」（カンマ）を用いて表記しています。

| SI単位系 | | | | 日本語（漢語） | |
|---|---|---|---|---|---|
| 読み | 接頭語 | 記号 | 桁 | 数詞 | 読み |
| | | | $10^0$ | 一 | いち |
| デカ | deca | da | $10^1$ | 十 | じゅう |
| ヘクト | hecto | h | $10^2$ | 百 | ひゃく |
| キロ | kilo | k | $10^3$ | 千 | せん |
| | | | $10^4$ | 万 | まん |
| メガ | mega | M | $10^6$ | | |
| | | | $10^8$ | 億 | おく |
| ギガ | giga | G | $10^9$ | | |
| テラ | tera | T | $10^{12}$ | 兆 | ちょう |
| ペタ | peta | P | $10^{15}$ | | |
| | | | $10^{16}$ | 京 | けい |
| エクサ | exa | E | $10^{18}$ | | |
| | | | $10^{20}$ | 垓 | がい |
| ゼタ | zetta | Z | $10^{21}$ | | |
| ヨタ | yotta | Y | $10^{24}$ | 秄 | じょ |

# 第2章 7つのSI基本単位

●SI基本単位（1）

# 長さ
## m（メートル）

　長さは、重さや時間と並んで、最も生活に密着した物理量です。そのため、日本を含め、さまざまな国で独自の単位が生まれ、今も一部で使用され続けています。その中で**メートル**［m］が「長さの国際基本単位（SI基本単位）」に選ばれました。

　「メートル」という名称は、「物差し」を意味するギリシア語の「メトロン」が語源です。世界共通の長さの単位としてメートルを初めて導入したのはフランスで、1799年に子午線（経線）の4分の1、つまり北極点から赤道までの距離の1,000万分の1を「1m」とし、その長さを刻んだ**メートル原器**が白金でつくられました。その後、合金製の原器に変更されましたが、いずれにしても形あるものは破損したり、劣化したりします。そこで物ではなく、自然界の普遍の長さを基準にすることになり、1960年にクリプトンの同位体$^{86}$Krが発するオレンジ光の波長の1,650,763.73倍と定義されました。そして、1983年の国際度量衡総会（CGPM）で、アメリカの物理学者ケン・エベンソン（1932-2002）が1972年に測定した光速度を基準にした、「光が真空中を1秒間に進む距離の2億9,979万2,458分の1が1m」という新しい定義が採択されました（上図）。2018年の改定でも実質的にこれを踏襲することになりました。

◆**多くの組立単位はmを使っている**

　「長さ」にはさまざまな表現があります。距離、深さ、幅、波長、半径などは、それぞれ異なる概念の物理量ですが、すべて「長さ」と言い換えることができます。また、長さを2乗すると**面積**、3乗すると**体積**の単位になります。さらに、円の弧の長さをその円の半径（長さ）で割ると（無次元の）角度の単位「**ラジアン**［rad］」（➡p36）になります。このように、長さの単位は、掛け合わせたり割ったりすることでさまざまな組立単位をつくります。

　なお、m（メートル）の100分の1の単位がcm（センチメートル）、1,000分の1がmm（ミリメートル）、逆にmの1,000倍がkm（キロメートル）です。さらに、ナノテクノロジーの「ナノ」は「10億分の1」を表し、nm（ナノメートル）は10億分の1メートルです。「センチ」「ミリ」「キロ」「ナノ」などは桁数を表す接頭語（➡p14、30）で、mの前に小文字の「c」「m」「k」「n」を付けて表記します。

　下図に、長さに関する非SI単位の例を示しておきます。

第2章 7つのSI基本単位

## ◯ エベンソンの光速度の測定

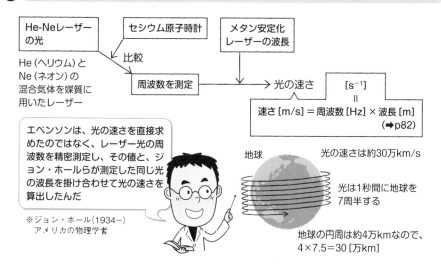

```
He-Neレーザー      セシウム原子時計    メタン安定化
の光                                  レーザーの波長
                     ↓ 比較
He (ヘリウム) と
Ne (ネオン) の      周波数を測定  →  光の速さ      [s⁻¹]
混合気体を媒質に                                    ‖
用いたレーザー                              速さ [m/s] = 周波数 [Hz] × 波長 [m]
                                                          (→p82)
```

エベンソンは、光の速さを直接求めたのではなく、レーザー光の周波数を精密測定し、その値と、ジョン・ホール※らが測定した同じ光の波長を掛け合わせて光の速さを算出したんだ

※ジョン・ホール (1934-)
アメリカの物理学者

光の速さは約30万km/s

光は1秒間に地球を7周半する

地球の円周は約4万kmなので、
4×7.5=30 [万km]

## ◯ 今でもふつうに使用されている長さの非SI単位の例

**薄型テレビ**

40インチ

画面サイズは画面の対角線の長さで、単位はインチ (inch) を使用
1 inch = 2.54 cm
       = 0.0254 m

**ゴルフ**

残り80ヤード

ゴルフでの距離は単位にヤード (yard) を使用
1 yard = 91.44 cm
       = 0.9144 m

**中央競馬のGIレース「マイル・チャンピオンシップ」**

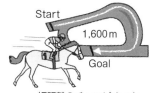

Start
1,600 m
Goal

短距離のチャンピオンを決めるレース
1 mile = 1,609.34 m
       = 約1.6 km

**和室**

半間
1間
半間

畳や襖、出入口の幅の長さに使っているのが間 (けん)
1間 = 約1.8 m
ただし、地方によってサイズはマチマチである

**剣道の竹刀**

38とか39
尺と寸

竹刀の長さは尺 (しゃく) と寸 (すん) で表す
38 (さんぱち) は3尺8寸の意
1尺 = 10寸
1寸 = 約3.03 cm

**反物**

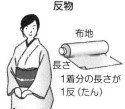

布地
長さ

1着分の長さが1反 (たん)

1反 = 約10〜12 m
反物は、「1反の布地」からきた言葉

017

● SI基本単位(2)

## 質量
### kg（キログラム）

　かつて、長さと質量の単位には密接なつながりがありました。18世紀に、一辺が10cmの立方体の升を満たした水の質量を「1kg」とすると決めたからです。しかし、水の密度は温度や気圧によって変化することがわかり、1kgの**キログラム原器**がつくられました。1mを定義するメートル原器もつくられましたが、両者はその後方向性を違え、[m]は"物"である原器を捨て去り、光の速さを基に再定義されたのに対して、[kg]では1889年につくられた白金イリジウム合金製の原器が維持され続けてきたのです。ところが、原器に1年で最大$20×10^{-9}$kgの質量変化が生じることがわかり、ついに2018年の国際度量衡総会（CGPM）で[kg]の定義が抜本的に改定されました。すなわち、原器を廃し、**プランク定数**を基にした新しい定義が成立したのです。プランク定数とは量子力学の基礎となる、量子のエネルギーと振動数の比例定数です（→p130）。新しい定義では、1kgは「周波数が、【光速】$^2$÷（$6.62607015×10^{-34}$）Hz（ヘルツ）の光子のエネルギーと等価な質量」になり、これで7つのSI基本単位のすべてが物理定数に基づくことになりました（上図）。

### ◆「質量」と「重さ」は必ず区別しなければならない

　7つの国際基本単位のうち、桁数を表す接頭語がついているのは[kg]だけです。なぜグラム[g]（グラム）ではないのかというと、単位系には**CGS単位系**｛cm、g、s（秒）｝や**MKSA単位系**｛m、kg、s、A（アンペア）｝などがある中、SI単位系の土台としてMKSA単位系が選ばれたからです。現在でも「キロ」が付くことに反対意見がありますが、よい代案がないためそのままになっています。なお、kgに換算可能な単位に**トン**[t]があります。[t]はSI単位ではありませんが、kgとの併用が許されています。周知のとおり、1t＝1,000kgです。

　ところで、kgを「重さ」の単位として紹介する場合がありますが、これは間違いです。「重さ」とは物体にはたらく重力の大きさをいい、質量に**重力加速度**を掛けて求められます（【重さ】＝【質量】×【重力加速度】）。つまり、重さの単位は「力」と同じ**N**（ニュートン）になります（→p42）。

　質量は、「長さ」と同様に生活に密着した「量」だったために、各国で独自の単位が生まれ、現在も使われている例がたくさんあります（下図）。

## 第2章 7つのSI基本単位

### ● 質量とプランク定数

①アインシュタインの式　　$E = mc^2$　　➡質量とエネルギーは等価であることを表す

エネルギー　質量　光速

②光子のエネルギー　　$E = h\nu$　　➡プランク定数は光子のエネルギーと周波数の比例定数

エネルギー　プランク定数　周波数（振動数）

光子のエネルギーは周波数で決まり、質量に換算できるということだね

①と②より、

$mc^2 = h\nu$

$m = \dfrac{h\nu}{c^2} = \dfrac{h}{c^2} \times \nu$

したがって、$\nu$（周波数）が $\dfrac{c^2}{h}$ のとき、

$m = 1$ [kg] になる

定数
$c = 299{,}792{,}458\,\text{m/s}$
$h = 6.62607015 \times 10^{-34}\,\text{J·s}$

$\nu = \dfrac{(299{,}792{,}458)^2}{6.62607015 \times 10^{-34}} = $ 約 $1.356 \times 10^{50}$ [Hz]

つまり、周波数が $1.356 \times 10^{50}$ ヘルツの光子のエネルギーと等価な質量が1kgということ

### ● 今でもふつうに使用されている質量の非SI単位の例

**ボクシング**

ボクサーの体重
120ポンド [lb]
1 lb = 16 oz
　　= 約453.59 g

グローブ
8オンス [oz]
1 oz = 約28.35 g

**金貨**

50トロイオンス [toz]

金貨の質量に使用
1 toz = 約31.1 g

**ダイヤモンド**

0.3カラット [ct]

ダイヤモンドなどの宝石の質量で使用
1 ct = 0.2 g

**食パン**

1斤（きん）

一般的には、1斤＝約600 g
食パンの1斤は350～400 g

**真珠**

1匁（もんめ）

真珠の取引きで使用
1匁 = 3.75 g　160匁 = 1斤

真珠の国際取引でも匁が正式な単位。単位記号には [mom] を用い、読み方は「モンメ」

## SI基本単位(3)

# 2-3 時間
## s (秒)

　SI単位系では、時間の単位に**秒**[s]が選ばれています。それ以外の、私たちが日頃慣れ親しんでいる**分**[min]、**時**[h]、**日**[d]などはSI単位ではありませんが、実用上欠かせないので、秒との併用が認められています。それぞれの記号は英語の「second」(秒)、「minute」(分)、「hour」(時間)、date (日)の頭文字です。

　時間の単位は、もともとは古代エジプトで1日を24分割したことに始まります。そして、シュメール人が使用していた60進法を取り入れ、1時間を60分割して「1分」、1分を60分割して「1秒」が生まれました。つまり地球の自転周期を基にして秒が決まったわけです。1938年の国際度量衡総会(CGPM)でも秒[s]の定義として、「**平均太陽日の8万6,400分の1を1秒とする**」と決まりました。平均太陽日とは、正午から翌日の正午までの時間の年間平均値です。

　ちなみに、SI単位系では10進法が原則ですが、時間と角度(度・分・秒)においてのみ、60進法や24進法の使用が認められています。それが時間や暦の計算をややこしくさせているのですが……。

### ◆時間はどこまで正確にはかれるか

　「秒」の基準はその後地球の公転周期を基にしたものに変わり、1956年に「**平均太陽年の3,155万6,925.9747分の1を1秒とする**」と定義されました。平均太陽年とは、春分から翌年の春分までの時間の平均値です。このように、定義の改定が繰り返されてきたのは、他のSI基本単位も同様ですが、科学技術の発達によるさまざまな対象におけるあらゆる計測精度の向上が一因です。2018年のCGPMでは、1967年に定義された「**セシウム133原子($^{133}$Cs)が吸収するマイクロ波の周期の9,192,631,770倍を1秒とする**」ことを、実質的に踏襲しました。これはセシウム原子時計の原理で、誤差は1億年に1秒といわれています(上図、下図)。

　ただし、現在すでに2020年代に新たな光格子時計を使った次世代の「秒」基準への変更が検討されています。光格子時計は原子時計の一種で、レーザー光でつくった格子に数多くの原子を閉じ込めて同時計測することで、宇宙の年齢(138億年)をはるかに超える300億年に1秒しか誤差が生じないといわれています。「秒」は時間変化を扱うすべての物理量に関係するので、多くの組立単位に用いられています。

第2章 7つのSI基本単位

## ○ 光の吸収・放出と原子のエネルギー状態

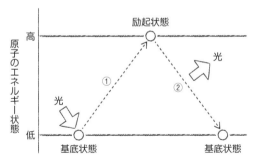

①基底状態（低エネルギーで安定している）の原子が光を吸収すると、そのエネルギーを得て励起状態になる

②励起状態（高エネルギーで不安定）の原子は光を放出して基底状態にもどる

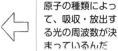
周波数が一定値をとることを利用して、それを検出して1秒を刻むのが原子時計

原子の種類によって、吸収・放出する光の周波数が決まっているんだ

## ○ セシウム133原子で1秒を決める

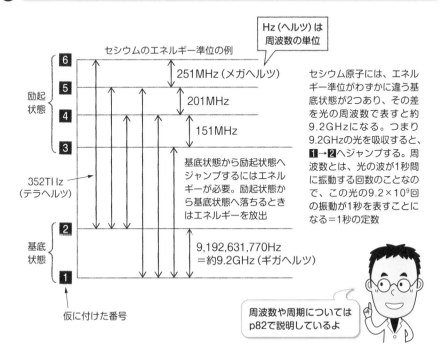

Hz（ヘルツ）は周波数の単位

セシウム原子には、エネルギー準位がわずかに違う基底状態が2つあり、その差を光の周波数で表すと約9.2GHzになる。つまり9.2GHzの光を吸収すると、**1**→**2**へジャンプする。周波数とは、光の波が1秒間に振動する回数のことなので、この光の$9.2×10^9$回の振動が1秒を表すことになる＝1秒の定数

基底状態から励起状態へジャンプするにはエネルギーが必要。励起状態から基底状態へ落ちるときはエネルギーを放出

周波数や周期についてはp82で説明しているよ

021

● SI基本単位(4)

# 電流
## A（アンペア）

19世紀まで、**電気**と**磁気**はよく似た性質を持つものの、別の現象と考えられていました。しかし、現在では両者は電子が持つ性質の異なった表れであり、表裏一体のものであることがわかっています。電気と磁気を合わせて**電磁気**と呼ぶのはそのためです。電磁気分野には数多くの単位が登場します（➡p58～81）。そして、それらの根幹をなす単位の1つが**アンペア**［A］です。

アンペアは電流の大きさを表す単位。電流とは電荷の「流れ」のこと。1Aは1秒間に1**クーロン**［C］の電荷が流れるときの電流の大きさを表します。［C］は電気量の単位で、フランスの物理学者シャルル・ド・クーロン（1736-1806）の頭文字です。とすると、1Cの大きさから1Aの大きさを決めるというのが自然の流れですが、歴史的にはその逆で、フランスの物理学者アンドレ・アンペール（1775-1836）が、電流が流れる2本の導体線間に力がはたらくことを発見したことから、1948年に「真空中に1mの間隔で平行に置かれた2本の直線状の導体線に同じ大きさの電流が流れ、導体線の長さ1mにつき $2\times10^{-7}$ N（ニュートン）の力を及ぼし合うときの電流の大きさを1A」としました（上図）。そして1Aの電流が1秒間に運ぶ電荷（電気量）を1Cと決めました。なお、［A］はアンペールの頭文字で、N（ニュートン）は力の大きさを表す単位です（➡p42）。

しかし、2018年アンペアの定義が根本的に改められ、電子の電荷（電気素量）の値を $1.602176634\times10^{-19}$ Cと定めることでアンペアが再定義されました（下図）。

### ◆アンペア［A］はじつは磁気の単位!?

電気と磁気が表裏一体の現象であることから、使用する単位にも共通なものが出てきます。アンペアは電気では電流の大きさを表す単位ですが、磁気では**起磁力**と**磁位差**の大きさを表します。起磁力とは磁力を起こす能力（➡p72）、磁位差とは磁場における2点間の磁位の差（➡p68）をいいます。

ちなみに、SI単位系では原則として、単位にアルファベットの小文字があてられています。ただし、人名に由来する単位は大文字で表すとされており、アンペアの単位記号は［A］になります。同様に、クーロンもやはり大文字の［C］で表されます。人名由来の単位が2文字の場合は、1文字目だけが大文字になります。

## アンペアの旧定義

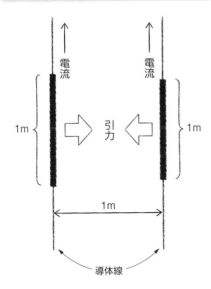

1m隔てて平行に置かれた2本の導体線に電流を流すと、導体線に力がはたらくこのとき、
・同じ向きの電流を流す ➡ 引力
・逆向きに電流を流す ➡ 反発力
となる

この力が導体線1mあたりに
$2×10^{-7}$ N（ニュートン）になるときの電流の大きさを1Aとする

## アンペアの新定義

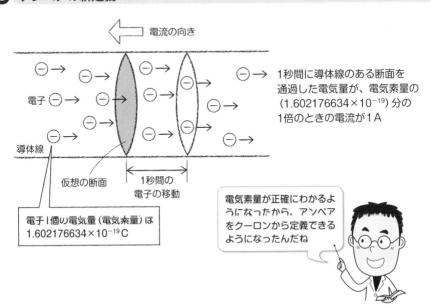

1秒間に導体線のある断面を通過した電気量が、電気素量の$(1.602176634×10^{-19})$分の1倍のときの電流が1A

電子1個の電気量（電気素量）は$1.602176634×10^{-19}$C

電気素量が正確にわかるようになったから、アンペアをクーロンから定義できるようになったんだね

●SI基本単位(5)

# 温度
## K（ケルビン）

　30kgの水に40kgの水を加えると70kgになりますが、水温30℃の水と40℃の水を等量混ぜても70℃にはなりません（35℃になります）。このように温度では単純な足し算が成り立たないのは、キログラム［kg］やメートル［m］が「量」を表すのに対して、温度は「強さ」を表す物理量だからです。

　私たち日本人がふだん使っている温度単位の**セ氏度**（摂氏度、セルシウス度）［℃］は、スウェーデンの天文学者アンデルス・セルシウス（1701-44）が1742年に考案したもので、水の凝固点を0℃、沸点を100℃とし、その間を100等分して1℃としています。一方、アメリカでは一般に、水の凝固点を32°F、沸点を212°Fとし、その間を180等分して1°Fとした**カ氏度**（華氏度、ファーレンハイト度）［°F］が使用されています（上表）。カ氏度はドイツの物理学者ガブリエル・ファーレンハイト（1686-1736）が1724年に提唱しました。

◆−273.15℃より低い温度はないと気づいたケルビン

　科学における世界共通の温度の単位は、セ氏度でもカ氏度でもなく、**ケルビン**［K］です。そもそも温度とは原子・分子の熱運動の活発さの尺度であり、［K］は熱力学に基づいて定義されますので、**熱力学温度**または**絶対温度**とも呼ばれます。イギリスの物理学者でケルビン卿と称されたウィリアム・トムソン（1824-1907）が、「圧力が一定の下で温度を1℃下げると、気体の体積が、0℃のときの体積の273分の1減少する」というシャルルの法則から、−273℃で気体の体積が0になり、それ以下の温度はないと気づき、1848年に提唱しました。ケルビン卿は、熱運動が完全に止まるときの温度（−273.15℃）を**絶対零度**（0K）とし、目盛りの間隔をセ氏度と同じにしました。つまり、【セ氏度】［℃］+273.15=【ケルビン】［K］です。

　1Kは、以前は「水の三重点の熱力学温度の273.16分の1」と定義されていました。三重点とは水、氷、水蒸気が共存する圧力・温度をいいます。しかし、2018年に抜本的な改定がなされ、**ボルツマン定数**を$1.380649 \times 10^{-23}$と定めることでケルビンが再定義されました。ボルツマン定数とは、**気体定数**（➡p120）を**アボガドロ数**（➡p26）で割った値です。「ボルツマン」はオーストリアの物理学者ルートヴィッヒ・ボルツマン（1844-1906）を指します（下図）。

## 第2章 7つのSI基本単位

### ● 温度の換算

| セ氏度 (℃) | カ氏度 (°F) | 絶対温度 (K) |
|---|---|---|
| −40.0 | −40.0 | 233.15 |
| −30.0 | −22.0 | 243.15 |
| −20.0 | −4.0 | 253.15 |
| −10.0 | 14.0 | 263.15 |
| 0.0 | 32.0 | 273.15 |
| 10.0 | 50.0 | 283.15 |
| 20.0 | 68.0 | 293.15 |
| 30.0 | 86.0 | 303.15 |
| 40.0 | 104.0 | 313.15 |
| 50.0 | 122.0 | 323.15 |
| 100.0 | 212.0 | 373.15 |

● セ氏度 ➡ カ氏度

$$[°F] = [℃] \times \frac{9}{5} + 32$$

● セ氏度 ➡ 絶対温度

$$[K] = [℃] + 273.15$$

● カ氏度 ➡ セ氏度

$$[℃] = \{[°F] - 32\} \times \frac{5}{9}$$

● カ氏度 ➡ 絶対温度

$$[K] = \{[°F] + 459.67\} \times \frac{5}{9}$$

### ● 水の三重点

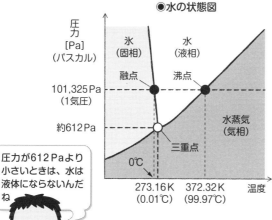

● 水の状態図

三重点とは、氷（固相）と水（液相）、水蒸気（気相）が共存する熱的平衡状態にある圧力と温度をいう 水の場合は、圧力が約612Pa（パスカル）で、温度が273.16K

圧力が612Paより小さいときは、水は液体にならないんだね

気体の状態方程式は、圧力×体積＝モル数×気体定数×絶対温度
右辺をアボガドロ数を使って変形すると

$$圧力 \times 体積 = \underbrace{モル数 \times アボガドロ数}_{分子の数} \times \underbrace{\frac{気体定数}{アボガドロ数}}_{\substack{ボルツマン定数 \\ = 1.380649 \times 10^{-23} [J/K] \\ (ジュール毎ケルビン)}} \times 絶対温度$$

したがって、

$$絶対温度 [K] = \frac{圧力 \times 体積 \quad [J]}{分子の数 \times ボルツマン定数 [J/K]}$$

ボルツマン定数を一定値にすることで、圧力×体積（＝エネルギー）で絶対温度が決まる

● SI基本単位（6）

# 2-6 物質量
## mol（モル）

　7つのSI基本単位のうち、最も遅く仲間入りしたのが**物質量**の単位**モル**［mol］です。以前の定義は、「0.012キログラムの炭素12（$^{12}$C）に含まれる原子と等しい数の構成要素を含む系の物質量である」とされていました。構成要素とは、原子、分子、イオンなどの粒子またはその集合体を意味します。つまり、原子量が12の炭素（$^{12}$C）12gの物質量が1molです。炭素が24gなら2molになります。molは分子を意味する英語の「Molecules」またはドイツ語の「Moleküle」に由来します。

　「物質量」と表現していますが、定義を見ると、モル［mol］が「数」を表していることは明白です。したがって、同じ1molなら炭素でも鉄でも鉛でも、そこに含まれている原子の数は同じになります。つまり、［mol］は、12個を1束にして1ダースと数えるように、一定の個数を1束にした数え方に過ぎません。しかし、定義にはその一定の個数についての具体的な記述はありませんでした。

### ◆アボガドロ定数

　1molに含まれる原子（や分子など）の数は何個か。それを表したものが**アボガドロ数**（または**アボガドロ定数**）です。アボガドロ数は膨大で、以前は精度よく計測できなかったため、定義には出てきませんでした。しかし、個数で現象を考えたい人のために、【原子の個数】＝【アボガドロ定数】×【モル】という換算式の係数として、アボガドロ数は残りました。「アボガドロ」は、サルデーニャ王国（現イタリア）出身の物理学者アメデオ・アボガドロ（1776-1856）を指します。

　時は流れ、現在ではシリコン（ケイ素：Si）結晶のアボガドロ数を、X線を使った精密測定などによりかなり詳しく求められるようになりました。そこで2018年の国際度量衡総会（CGPM）で、「アボガドロ数を$6.02214076 \times 10^{23}$とし、この数の要素粒子を含む物質量を1molとする」というように定義が改定されました。

　シリコンは現在最も完全な結晶構造が得られる物質で、8個の原子がおさまる立方体の単位格子が規則正しく並んでいます。その単位格子の寸法は正確に測定されていますので、原子1個が占める体積がわかります。シリコン1molの体積もわかっていますので、1molの体積を原子1個が占める体積で割れば、1molに含まれる原子の数すなわちアボガドロ数が正確に求まるのです（図）。

## アボガドロ数の求め方

ケイ素の結晶構造を基にアボガドロ数を求めてみよう

### ●ケイ素のダイヤモンド構造

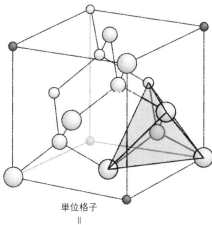

単位格子
＝
結晶構造が繰り返される最小の平行六面体

ケイ素（Si）は、正四面体構造を基本単位として、これを立体的に次々と積み上げたダイヤモンド構造をしている

### ●Siの正四面体

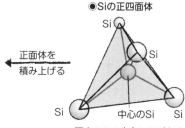

4頂点のSiの中心にSiがある

ダイヤモンド構造は、原子が共有結合で結びついてできる単体の結晶構造。ダイヤモンドの他、ケイ素やスズ、ゲルマニウムなどがある

### ●基本格子内のケイ素原子の数と密度

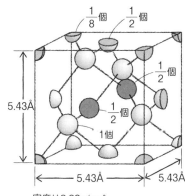

密度は2.33g/cm³

① 1つの単位格子に含まれるケイ素の数は、
$$(1 \times 4個) + \left(\frac{1}{2} \times 6個\right) + \left(\frac{1}{8} \times 8個\right) = 8個$$

② 単位格子は、一辺が5.43Å（オングストローム）の立方体
$1Å = 10^{-10}m = 10^{-8}cm$
したがって、単位格子の体積は、
$(5.43 \times 10^{-8})^3 ≒ 160.10 \times 10^{-24}$ [cm³]
ケイ素の密度が2.33g/cm³なので、単位格子の質量は、
$160.10 \times 10^{-24} \times 2.33 ≒ 373.03 \times 10^{-24}$ [g]

③ ケイ素の原子量は28.09gなので、ケイ素1molの中にある単位格子の数は、
$28.09 \div (373.03 \times 10^{-24}) = 0.0753 \times 10^{24}$

単位格子1つに8個のケイ素原子が含まれるので、
$7.53 \times 10^{22} \times 8 ≒ 6.02 \times 10^{23}$ (個) ← アボガドロ数

● SI基本単位(7)

## 2-7 光度
### cd（カンデラ）

　SI基本単位7つのうち、最後に紹介するのは点光源の明るさを表す**光度**の単位**カンデラ**［cd］です。カンデラの語源はラテン語で「ローソク」を意味する「カンデラ」で、もともとローソク1本の明るさを1カンデラとしていました。

　「光度」がどのような条件での明るさを表すのかというと、点光源から単位時間に四方八方に放射される光の量を**光束**といい、**ルーメン**［lm］という単位で表します（→p84）。そして、そのうちの**単位立体角**（**ステラジアン**）［sr］（→p36）あたりの光束が光度（カンデラ）［cd］です。どちらも人が感じる「明るさ」についての物理量ですが、光度と光束の関係は、【光度】＝【光束】÷【立体角】となりますので、単位は、［cd］＝［lm/sr］という関係になります。

◆光度の定義

　さて、1979年に採択されたカンデラの定義は、「周波数$540×10^{12}$ヘルツ［Hz］の単色光の所定方向の放射強度が1/683ワット毎ステラジアン［W/sr］である光源のその方向における光度」でした。2018年の国際度量衡総会（CGPM）でも、実質的にこの定義が踏襲されました。定義の意味は、以下のとおりです。

　人間はおよそ400〜800nm（ナノメートル）の波長の光しか見ることができず、この範囲の光を可視光といいます。さらに同じ光量の可視光であっても、波長すなわち色によって明るさが違って見え、赤色光は暗く、緑色光は明るく見えます（上のグラフ）。このように、明るさは人間の感覚（視感度）に左右されるものなので、補正が必要となり、【光束】＝（683×【比視感度】）×【放射束】となります。右辺の（　）内は視感度を表し、比視感度は人間が（明るい場所で）最も明るく感じる555nmの波長（定義にある周波数$540×10^{12}$Hz）を持つ緑色光の視感度（683［lm/W]）を1とした比率です（真中の式）。視感度の最大値683は計測によって決定されています。また、放射束［W］は単位時間に光源から放射される光エネルギーのことです。そして、【光束】＝【光度】×【立体角】なので、上式の左辺を「光度」に置換すると、上式は、【光度】＝（683×【比視感度】）×【放射束】÷【立体角】となります。これが光度［cd］の定義です。なお、光度の単位を確認すると、上式より、［cd］＝［lm/W］×［W］÷［sr］＝［lm/sr］になります（下の式）。

## 明るい場所の光束と光度

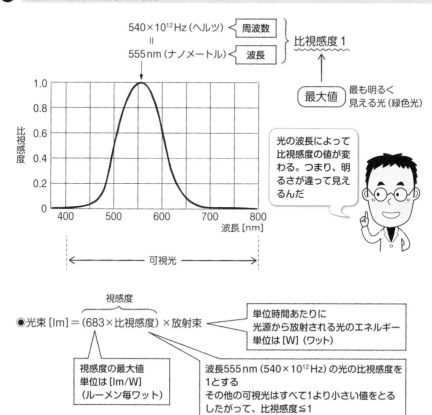

●光束 [lm] = (683×比視感度) × 放射束

- 視感度（683×比視感度の部分）
- 視感度の最大値 単位は [lm/W]（ルーメン毎ワット）
- 単位時間あたりに光源から放射される光のエネルギー 単位は [W]（ワット）
- 波長555nm（540×10¹²Hz）の光の比視感度を1とする その他の可視光はすべて1より小さい値をとる したがって、比視感度≦1

●光度 [cd] = $\dfrac{光束 [lm]（ルーメン）}{立体角 [sr]（ステラジアン）}$

= $\dfrac{(683×比視感度)×放射束}{立体角}$ ← これが光度の定義

単位は、

$$[cd] = \dfrac{[lm/W] \times [W]}{[sr]} = \dfrac{[lm]}{[sr]}$$

なお、
　　放射束 [W] = 放射強度 [W/sr] × 立体角 [sr]

コ・ラ・ム ❷

# 数値の桁を表す接頭語──分量

　SI単位系では、分量の数値（小数点以下）の位取りは、$10^{-3}$以下から3桁ごとで、現在は$10^{-24}$までの接頭語が決まっています。$10^{-6}$以下の接頭語はすべて「o」で終わり、記号は小文字1文字で表します。ただし、$10^{-3}$までの接頭語はメートル法の初期につくられたために、上記のルールは適用されません。日本語（漢語）では1桁ずつ数詞が振り付けられていますが、同じく$10^{-24}$が最小単位です。

| SI単位系 | | | 桁 | 日本語（漢語） | |
|---|---|---|---|---|---|
| 読み | 接頭語 | 記号 | | 数詞 | 読み |
| | | | $10^{0}$ | 一 | いち |
| デシ | deci | d | $10^{-1}$ | 分 | ぶ |
| センチ | centi | c | $10^{-2}$ | 厘 | りん |
| ミリ | milli | m | $10^{-3}$ | 毛 | もう |
| | | | $10^{-4}$ | 糸 | し |
| | | | $10^{-5}$ | 忽 | こつ |
| マイクロ | micro | μ | $10^{-6}$ | 微 | び |
| | | | $10^{-7}$ | 繊 | せん |
| | | | $10^{-8}$ | 沙 | しゃ |
| ナノ | nano | n | $10^{-9}$ | 塵 | じん |
| | | | $10^{-10}$ | 埃 | あい |
| | | | $10^{-11}$ | 渺 | びょう |
| ピコ | pico | p | $10^{-12}$ | 漠 | ばく |
| | | | $10^{-13}$ | 模糊 | もこ |
| | | | $10^{-14}$ | 逡巡 | しゅんじゅん |
| フェムト | femto | f | $10^{-15}$ | 須臾 | しゅゆ |
| | | | $10^{-16}$ | 瞬息 | しゅんそく |
| | | | $10^{-17}$ | 弾指 | だんし |
| アト | atto | a | $10^{-18}$ | 刹那 | せつな |
| | | | $10^{-19}$ | 六徳 | りっとく |
| | | | $10^{-20}$ | 虚空 | こくう |
| ゼプト | zepto | z | $10^{-21}$ | 清浄 | しょうじょう |
| | | | $10^{-22}$ | 阿頼耶 | あらや |
| | | | $10^{-23}$ | 阿摩羅 | あまら |
| ヨクト | yocto | y | $10^{-24}$ | 涅槃寂静 | ねはんじゃくじょう |

# 第3章 単位を読み解く

●サイズの単位(1)

## 3-1 面積
## m²

　面積の単位である**平方メートル** [m²] は、SI基本単位のmを使ったSI組立単位です。1次元の「長さ」に1次元の「長さ」を掛けて、2次元の量になったものが面積です。面積の計算では、四角形なら、【縦】[m]×【横】[m] で求まりますので簡単です。平行四辺形や台形でも、基本は同じです。ただ、球の表面積になると、積分で求めるより公式を覚えておいたほうがはるかに楽でしょう。なお、立体の表面積であっても、「面積」となれば、その値の単位は必ず [m²] です（上図）。

　長さのSI基本単位は [m] ですが、桁数を表すミリやセンチ、キロなどの接頭語がついた [mm]、[cm]、[km] の使用が認められているのと同様に、面積でも [mm²]、[cm²]、[km²] がよく使用されます。これらの単位で面積を表すときに注意したいのは、単位の換算でポカをやらかさないことです。たとえば、20cm²は何m²でしょうか？　また、15km²は何m²でしょうか（中図）。長さが100倍、1,000倍の単位なら、面積の値は10,000倍、1,000,000倍になります。

### ◆慣習として使われている面積の単位

　SI単位ではないものの、併用が認められている面積の単位に**アール** [a] があります。1879年の国際度量衡総会（CGPM）で、1aは10m×10mの面積と定義されましたので、1a=100m²になります。そして、[a] に「100倍」を表す接頭辞の「ヘクト（h）」がついたものが**ヘクタール** [ha] です。1ha=100a=10,000m²になります。[a] も [ha] も田畑や山林の面積を表すときによく使われます。

　ところで、長さの単位と同様、面積も古くから人々の生活に密着した量だったため、多くの国で独自の単位が発達してきました。それらはもちろん非SI単位ですが、一部は現在でも広く使われたり、また一部の業界で根強く使用されたりしています。たとえば、日本では今も田畑や宅地の広さを**町**（ちょう）や**反**（たん）、**坪**（つぼ）でいうことがありますし、部屋の大きさを敷いた畳の数である**畳**（じょう）でいうのもふつうです（下図）。また、入り口や廊下などの幅をいうのに**間**（けん）を用いるのもまだまだ当たり前です。

　アメリカでは、しばしば土地の面積の単位に**エーカー** [ac] が使用されます。1ac=4,840yd²（平方ヤード）=約4,047m²です。

第3章 単位を読み解く

## 球の表面積

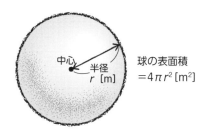

## 面積の単位の換算

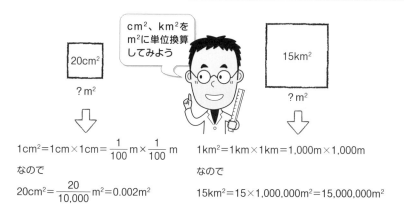

$1cm^2 = 1cm \times 1cm = \dfrac{1}{100}m \times \dfrac{1}{100}m$

なので

$20cm^2 = \dfrac{20}{10,000}m^2 = 0.002m^2$

$1km^2 = 1km \times 1km = 1,000m \times 1,000m$

なので

$15km^2 = 15 \times 1,000,000m^2 = 15,000,000m^2$

## 日本の伝統的な面積の単位

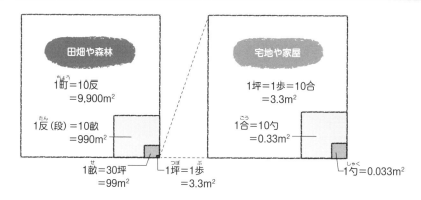

●サイズの単位(2)

# 3-2 体積
## m³

　体積の単位は**立方メートル**［m³］です。2次元の量である面積に「高さ」というもう1次元の量（長さ）を掛けて、3次元の量を示したものが体積です。面積より次元が1つ増えた分、体積のほうが計算が難しくなります。立方体や直方体の体積は簡単に求められますが、球の体積は公式を知らなければ、積分を使って求めなければならず、ハードルが高くなります。ただし、どんな形の物体であれ、「体積」となれば、その値の単位は必ず長さの3乗になります（上図）。

　面積と同様、［mm³］、［cm³］、［km³］で表された体積の相互換算では、桁数を間違えないように注意が必要です。試しに、150cm³と2.6km³をそれぞれ［m³］に換算してみましょう（中図）。

### ◆体積と容積の違い

　**容積**は体積と同じ物理量で、単位も同じ**立方メートル**［m³］ですが、体積と少々意味合いが異なります。体積が物体の大きさを表すのに対して、容積は容器の中に入る物質の量を表します。

　［m³］以外で、世間でよく使われている容積の単位に**リットル**（［L］または［l］）があります。リットルはSI単位ではないものの、併用が許されています。なお、リットルの記号は小文字の［l］と大文字の［L］のどちらを使ってもよいことになっています。リットルは人名ではありませんが、小文字の［l］が数字の「1」と区別がつきにくいからです。学校や科学界でも大文字の［L］を使うことが増えていますので、本書でも基本的に［L］を使うことにします。1L＝1,000cm³です。

　日本では従来シーシー［cc］もよく使われてきました。しかし、ccは単に英語の「cubic centimetre」（立方センチメートル）の略に過ぎず、こちらは使用禁止になっています。

　「容器に入る量」は生活に密着した重要な事柄だったため、古くから多くの国で独自の単位が発達してきました。日本では居酒屋で日本酒を注文するのに、今でも1合（ごう）、2合というのがふつうですし、「一升（しょう）瓶」という呼称も健在です。お米の量をいうときもしかりです。右ページの表に日本とアメリカにおける伝統的な容積の単位の一部を紹介しました。

第3章 単位を読み解く

## 球の体積

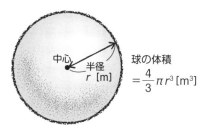

中心　半径 $r$ [m]　球の体積 $= \frac{4}{3}\pi r^3$ [m³]

## 体積の単位の換算

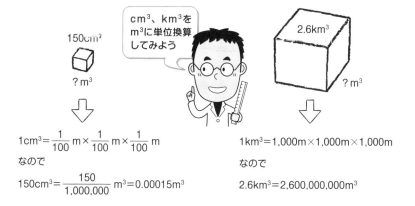

cm³、km³を m³に単位換算してみよう

$1\text{cm}^3 = \frac{1}{100}\text{m} \times \frac{1}{100}\text{m} \times \frac{1}{100}\text{m}$

なので

$150\text{cm}^3 = \frac{150}{1,000,000}\text{m}^3 = 0.00015\text{m}^3$

$1\text{km}^3 = 1,000\text{m} \times 1,000\text{m} \times 1,000\text{m}$

なので

$2.6\text{km}^3 = 2,600,000,000\text{m}^3$

## 日本とアメリカの伝統的な体積の単位

日本（尺貫法）

| | | |
|---|---|---|
| 1石（こく） | 10斗 | 180L |
| 1斗（と） | 10升 | 18L |
| 1升（しょう） | 10合 | 1.8L |
| 1合（ごう） | 10勺 | 180mL |
| 1勺（しゃく） | 10抄 | 18mL |
| 1抄（しょう） | − | 1.8mL |

アメリカ（ヤード・ポンド法）

| | | |
|---|---|---|
| 159L | バレル | 42ガロン |
| 3.79L | ガロン | 4クォート |
| 946.4mL | クォート | 2パイント |
| 473.2mL | パイント | 16オンス |
| 29.6mL | オンス | 8ドラム |
| 3.7mL | ドラム | 60ミニム |
| 0.061mL | ミニム | − |

日本のほうが、10倍、10倍でわかりやすいね

※ヤード・ポンド法では、はかるものによって容積の基準が変わる。表は一例

## ●サイズの単位（3）

# ①平面角 ②立体角
## ①rad ②sr

　私たちは**角度**（**平面角**）といえば、**度数法**（［度］・［分］・［秒］）に馴染みがあります（上図）。地図にも［度］で表された経線と緯線が引かれています。しかし、この度数法は360進法なので、10進法を原則とするSI単位としては認められません。ただ、度数法は時間の単位（［度］・［分］・［秒］）と同様に、すでに広く実用に供しているため、SI単位である**ラジアン**［rad］との併用が認められています。

　SI単位系における平面角の正式な単位はラジアン［rad］です。日本語では**弧度**（こど）といい、弧の長さが半径に比例することを利用し、その比例係数を角度とするものです。【弧の長さ】＝【平面角】×【円の半径】より、【平面角】［rad］＝【弧の長さ】［m］÷【円の半径】［m］です（中図）。長さ［m］を長さ［m］で割るので、本来平面角は無次元量※で単位はありません。それをSI単位系では［m/m］の組立単位と見なし、特別に［rad］という単位を与えています。なお、ラジアンはラテン語で「半径」を意味する「ラディウス」に由来します。

### ◆立体角ステラジアンの正体は面積比

　**立体角**は、平面角ラジアンを立体に拡張したものです。球面上のある面を底面とし、球の中心を頂点とした錐体を考えた場合、底面の面積は球の半径の2乗に比例します。この比例係数を立体角［**ステラジアン：sr**］とします。つまり、【球面上の底面積】＝【立体角】×【球の半径】$^2$です。立体角の単位は、【立体角】［sr］＝【球面上の底面積】［m$^2$］÷【球の半径】$^2$［m$^2$］より、面積［m$^2$］を面積［m$^2$］で割るので、平面角と同様無次元量になりますが、特別にSI組立単位としてステラジアン［sr］という単位が与えられています（下図）。なお、記号の［sr］の「s」はラテン語の「ステレオ」（立体の意味）に由来します。［r］はラジアンです。

　ところで、立体角ステラジアンは、球面上に底面を持つ錐体における、頂点（球の中心）からの広がりを表現していますが、それは、球体の半径を1としたときの「底面の面積」に他なりません。半径が1の球の表面積は4πですので、全球の立体角（全立体角）は4π［sr］、半球の立体角は2π［sr］になります。

　なお、同様に、平面角ラジアンは円の半径を1としたときの弧の長さを表しています。

---

※　無次元量：同じ単位の物理量どうしで割り算したときの、単位のない数値（答え）のこと

第3章 単位を読み解く

## ● 度数法

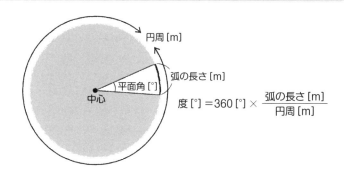

度 [°] = 360 [°] × 弧の長さ [m] / 円周 [m]

## ● 弧度法

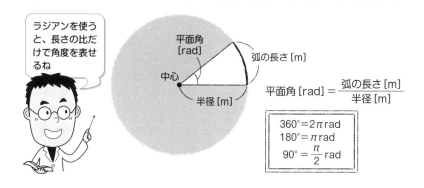

平面角 [rad] = 弧の長さ [m] / 半径 [m]

$$360° = 2\pi \, \text{rad}$$
$$180° = \pi \, \text{rad}$$
$$90° = \frac{\pi}{2} \, \text{rad}$$

ラジアンを使うと、長さの比だけで角度を表せるね

## ● 立体角

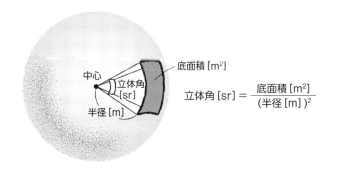

立体角 [sr] = 底面積 [m²] / (半径 [m])²

037

## ①密度 ②比重
## ①kg/m³ ②無次元量

　**密度**という単語は、科学用語の範疇を超えて、一般名詞としてもよく使われています。たとえば、人口密度や骨密度という言葉は日常生活でもふつうに出てきますし、「密度の濃い時間」という表現が使われることもあります。また、科学用語の中にも、**電束密度や磁束密度**（➡p64）などがあります。これらは「密度」が単位空間（長さ、面積、体積）あたりの量や数を表すという広義の解釈からきたものですが、本来科学において単に「密度」といえば、単位体積あたりの質量をいいます。
　【密度】＝【質量】÷【体積】より、密度の単位は、［kg］÷［m³］＝［kg/m³］（**キログラム毎立方メートル**）です（上図）。キログラム毎立方メートル［kg/m³］では実用上桁が大きすぎる場合は、グラム毎立方センチメートル［g/cm³］がよく使われます。また、液体の密度の場合は**グラム毎リットル**［g/L］も使われます。ただし、リットルは非SI単位なので、代わりにグラム毎立方デシメートル［g/dm³］が使用されることもあります。1dm＝10cmなので、1dm³＝1,000cm³＝1Lです。
　密度の単位換算は、体積の換算と質量の換算の両方をおこなう必要があり、計算でポカをやりやすいといえます。試しに次の換算をおこなってみましょう。150kg/m³は何g/cm³でしょうか？　26g/cm³は何g/dm³でしょうか（中図）。

◆比重が密度と同じ数値になる理由
　密度と同じように使われている用語に**比重**があります。しかし、比重は物質の質量を同体積の水の質量と比べた比率であり、つまり密度の比です。したがって、【密度】÷【密度】なので、その数値は**無次元量**であり、単位はありません。
　水の体積は温度や圧力で変化するので、（固体と液体の）物質比重の定義は、正確には「ある物質の質量の、それと同体積の4℃、1気圧の水の質量に対する比」です。ただし、4℃、1気圧の水の質量は1cm³あたり約1g（つまり密度が1g/cm³）なので、比重の数値はそのままその物質の密度の数値と同じになります。
　なお、気体の比重は「同体積の0℃、1気圧の空気の質量に対する比」で、この条件の空気の質量は、1m³あたり1.293kg（密度が1.293kg/m³）になります。
　ちなみに、流体中に物体を置くと、物体の比重が流体の比重より小さいと物体は浮き、物体のほうが比重が大きいと沈みます（下図）。

## 密度とは

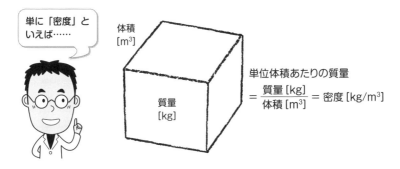

## 密度の単位の換算

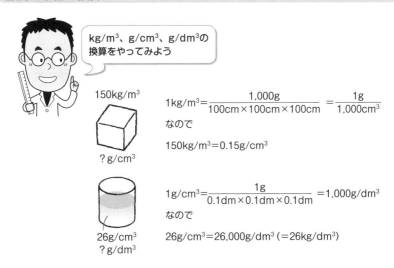

$1\,\mathrm{kg/m^3} = \dfrac{1{,}000\,\mathrm{g}}{100\,\mathrm{cm} \times 100\,\mathrm{cm} \times 100\,\mathrm{cm}} = \dfrac{1\,\mathrm{g}}{1{,}000\,\mathrm{cm^3}}$

なので

$150\,\mathrm{kg/m^3} = 0.15\,\mathrm{g/cm^3}$

$1\,\mathrm{g/cm^3} = \dfrac{1\,\mathrm{g}}{0.1\,\mathrm{dm} \times 0.1\,\mathrm{dm} \times 0.1\,\mathrm{dm}} = 1{,}000\,\mathrm{g/dm^3}$

なので

$26\,\mathrm{g/cm^3} = 26{,}000\,\mathrm{g/dm^3}\ (=26\,\mathrm{kg/dm^3})$

## 物体の浮き沈み

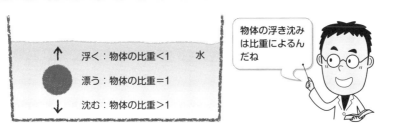

## ●力学の単位(1)

# 3-5 ①速さ（速度） ②加速度
## ①m/s　　②m/s²

物理学では、**速さ**と**速度**は意味が異なります。「速さ」は物体の移動スピードの大きさだけを表す物理量でスカラー量、「速度」は大きさと方向を含む物理量でベクトル量といいます（上図）。加速度もベクトル量ですが、本書では簡略化のために、基本的にスカラー量とベクトル量を区別せず、速さと速度も同じ意味で使います。

速さは、【移動距離】[m]÷【かかった時間】[s]で求まります（下左図）。単位は**メートル毎秒**[m/s]で、1秒間に1メートル移動したときの速さが1メートル毎秒[m/s]です。「秒速1メートル」と表現することもあります。自動車や電車の速さでは、キロメートル毎時[km/h]の単位がよく使われます。

自動車や電車よりはるかに速いジェット戦闘機やミサイルの速さを**マッハ数**[mach]で表すことがあります。媒質※中を進む物体の速さとその媒質中での音速の比をマッハ数といい、物体の速さが音速と等しいときに「マッハ数1（1マッハともいう）」になります。しかし、同じ媒質でも、音速は温度や圧力などの要因で変化し、空気中では15℃、1気圧の条件で1 $mach$ = 約340 m/s（1,224 km/h）です（中図）。

[mach]は、オーストリアの物理学者エルンスト・マッハ（1838-1916）にちなみます。速さの比率なので**無次元量**ですが、[mach]という固有の単位をあてて、今も一部分野で使用されているものの、SI単位との併用は認められていません。なお、船の速さの単位であるノット[kt]はp152で紹介します。

### ◆1秒あたりの速度の変化量が加速度

速さが単位時間における物体の「位置の変化量」を表すのに対して、**加速度**は単位時間における「速度の変化量」を表します。加速度＝【速度の変化量】÷【かかった時間】より、単位は、[m/s]÷[s]＝[m/s²]（**メートル毎秒毎秒**）になります（下右図）。ちなみに、「メートル毎平方秒」とはいいません。

物体に力がはたらくと加速度が生じます。その関係を式で表すと、【物体にはたらく力】[N]＝【物体の質量】[kg]×【加速度】[m/s²]になります。これが力学の基礎となる（ニュートンの）**運動方程式**です。[N]は力の単位ニュートンです。力と加速度の関係については次項でくわしく紹介します。

なお、**重力による加速度**は次項で、**地震動の加速度**はp142で説明しています。

※　媒質：波動などの物理変化を周囲へ伝える役目をするもの

第3章 単位を読み解く

## ● 速さと速度の違い

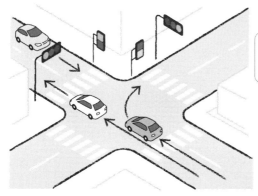

交差点で3台の車が10km/hでゆっくり走っている……

速さはすべて同じ
しかし、速度はすべて異なる
(移動方向が違う)

## ● マッハ数

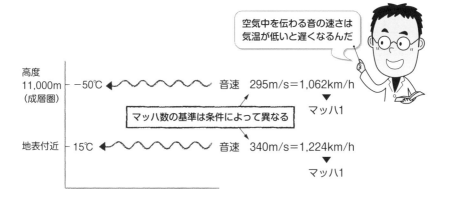

空気中を伝わる音の速さは気温が低いと遅くなるんだ

高度11,000m(成層圏) −50℃ 音速 295m/s=1,062km/h ▼ マッハ1

マッハ数の基準は条件によって異なる

地表付近 15℃ 音速 340m/s=1,224km/h ▼ マッハ1

## ● 速さの単位は[m/s]

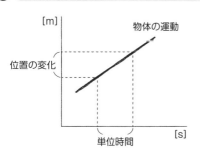

## ● 加速度の単位は[m/s²]

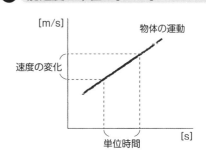

041

●力学の単位(2)

# 3-6 力
## N

　力とは何でしょうか。力は物体を変形させたり、動かしたりします。また、鉄棒にぶら下がったりできるのも力のおかげです。しかし、このような作用をする力も、かつては「力が強い」とか「力が少し弱い」などといった感覚量に過ぎませんでした。それを歴とした物理量に変えたのが、イギリスの物理学者、かの有名なアイザック・ニュートン（1642-1727）の**運動方程式**です。運動方程式とは、【力】=【質量】×【加速度】のことです。この方程式から、力とは質量を持つ物体に加速度を生じさせるものということができます（別の表現もあります）。

　運動方程式より、力の単位は、$[kg] \times [m/s^2] = [kg \cdot m/s^2]$（**キログラムメートル毎秒毎秒**）になります。この組立単位をそのまま単位として使えばよさそうなものですが、SI単位系では**ニュートン[N]** という固有の単位を使い、$1N = 1kg \cdot m/s^2$ と定義しています。つまり、1Nは「質量1kgの物体に$1m/s^2$の加速度を生じさせる力」です（上図）。単位ニュートンは人名由来なので、単位記号は大文字の[N]で表します。ちなみに、$[kg \cdot m/s^2]$のように、単位の中に掛け算（積）が含まれる場合は空白か中点（・）を挿入します。本書では中点（・）で表すことにします。

### ◆今では使われなくなったキログラム重

　以前は、力の単位に**キログラム重**（または**重量キログラム、重力キログラム**）がよく使われていました。記号は**kgf**（または**kgw**）で、「f」は英語の「force」、「w」は同じく「weight」の頭文字です。1キログラム重[kgf]は、「質量1kgの物体が標準重力で受ける力」と定義されています。標準重力とは、地表近くで物体が地球から受ける重力で、約9.8メートル毎秒毎秒（$9.8m/s^2$）の加速度（重力加速度）を生じさせます。したがって、$1kgf = 9.8kg \cdot m/s^2 = 9.8N$ になります（中図）。「キログラム重」はSI単位ではなく、現在ではほとんど使われませんが、「重さ」と「質量」の違いを理解する上で重要になります（➡p44）。

　なお、**重力加速度**を[G]（ジー）で表し、$9.8m/s^2 = 1G$ として、単位として使うことがあります。車が急発進したり急停止したとき、ジェットコースターに乗ったときなどに力（慣性力）が作用し、「$0.3G$がかかる」などといったりします（下図）。しかし、[G]も非SI単位です。

第3章 単位を読み解く

## ○ ニュートンの運動方程式

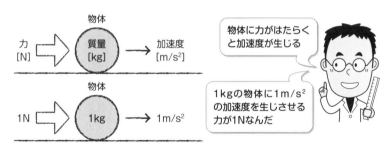

## ○ キログラム重[kgf]とニュートン[N]の関係

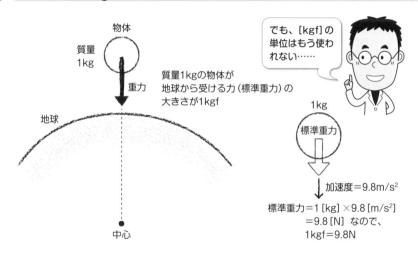

## ○ 重力加速度 G

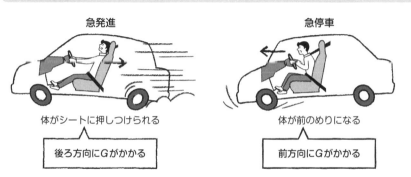

## ●力学の単位(3)

### 3-7 ①質量 ②重さ
### ①kg ②N

物理学では、**質量**と**重さ**は厳密に区別されます。質量の単位**キログラム**[kg]はSI基本単位であり、2章で説明しました。ここでは質量と重さの違いを紹介します。

質量は物体に固有の普遍的な物理量です。それに対して、重さは場所や運動状態によって変化します。たとえば、同じ物体でも、月面に持っていくと重さが地球上の約6分の1になりますが、それは月の重力が地球の約6分の1だからです。また、無重力状態の国際宇宙ステーション(以下、ISS)の中で、宇宙飛行士は体重がゼロになってふわふわ浮きます。その理由は、ISSが地球のまわりをある速度で回っているために、遠心力(地球の中心から離れる向き)と地球の引力(地球の中心に向かう向き)がちょうどつり合っているからです。これを、ISS(と内部の人間)が自由落下しているから、と言い換えることもできます(上図)。

### ◆質量が持つ二面性

質量は「動かしにくさ」に関係します。ニュートンの運動方程式を変形した、【加速度】=【力】÷【質量】の式から、同じ大きさの力を加えても、質量が大きい物体ほど加速度が小さくなることがわかります。たとえば、ピンポン球と鉄球を無重力状態のスペースシャトルの中で浮かせて同じ力で押すと、ピンポン球は勢いよく飛び、鉄球はゆっくり飛びます。加速度の違いが生じる原因は質量の差にあり、このような側面に注目した場合の質量をとくに**慣性質量**といいます(中左図)。

一方、【重さ(重力)】=【地球の引力】−【遠心力】です。つまり、人が体重計に乗ったときの数値は、地球が人を引く力から、遠心力が人を持ち上げる力を引いた量で、つまりが体重計を押す力なのです。したがって、体重の単位は本来は**ニュートン**[N]です。なお、質量が変われば重さ(重力の大きさ)も変わりますので、この側面に注目した場合の質量をとくに**重力質量**といいます(中右図)。

地球は両極側がひしゃげた回転楕円体であり、地球の中心から地表までの距離は両極より赤道上のほうが長いので、物体に作用する引力は赤道上のほうが小さくなります。一方、遠心力は自転による速度が最も速い赤道上が最大であり、両極はほぼゼロです。つまり、赤道上では引力が小さく、遠心力が大きいのです。よって、体重は赤道上ではかるといちばん軽くなり、両極より約1%だけ減少します(下図)。

第3章 単位を読み解く

## ◯ 国際宇宙ステーション（ISS）内が無重力の理由

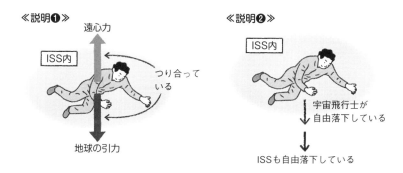

## ◯ 質量は物体の動かしにくさを表す

## ◯ 体重計の目盛り

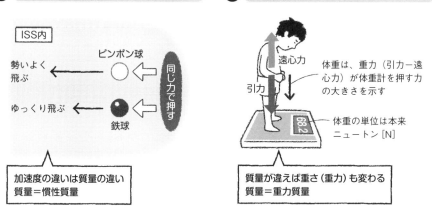

## ◯ 体重は赤道上で軽く、極地で重くなる

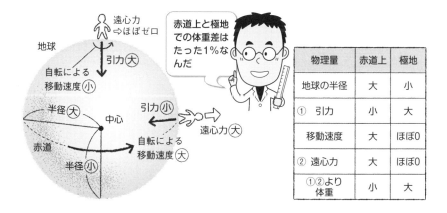

045

## ●力学の単位(4)

# 3-8 ①運動量 ②力積
### ①kg·m/s ②N·s

　**運動量**、すなわち運動の「量」とは具体的にどのような物理量なのでしょうか。まるで「仕事」(→p48)を彷彿させる言葉ですが、このような意味がよくわからない「量」は、その量がどのような計算で求められるか、あるいは「単位」を覚えたほうが理解が早い場合があります。

　物体の運動量は【物体の質量】×【物体の速さ】で求められます。そうであれば、運動量は「運動の勢い」や「運動の威力」などを表す用語だといえそうです。ここでは、「運動の威力」ということにしておきましょう。物体が何かにぶつかったときの衝撃（運動の威力）は、質量が大きいほど、また、速さが速いほど大きいということです。【運動量】=【質量】×【速さ】より、運動量の単位は、[kg]×[m/s]=[kg·m/s]（キログラムメートル毎秒）になります。100kgの人が5m毎秒でぶつかるのと、60kgの人が10m毎秒でぶつかるのとでは、どちらの威力が大きいか、運動量を比較してみましょう（上図）。

　運動量に関してとくに重要なことが2つあります。1つ目は、2つの物体が衝突したとき、衝突の前後で両者の運動量の合計が変化しないこと。これを**運動量保存の法則**といいます。そして、2つ目はある物体に力が加わって運動が変化した場合、その運動量の変化量は、物体に加えられた**力積**に等しいということです。

### ◆力積は「力」の「積」み重ね

　力積もまた、意味がよくわからない用語です。力積は、【力の大きさ】×【力が作用する時間】で求まる物理量です。したがって、力積を「力の積み重ね」や、「力と時間の積」などと覚えてもよいでしょう。単位は、【力】[N]×【時間】[s]=【力積】[N·s]（ニュートン秒）です（中図）。

　重要なのは、力積が「運動量の変化」と同等であることです。物体に力を加え続けて速度①から速度②に変化（運動量①から運動量②に変化）した場合、その運動量の差が力積になります。【運動量②】-【運動量①】=【力積】です。とすると、力積は運動量の変化をもたらす「力の効果」ともいえそうです。運動量の変化が力積ならば、両者は同じ単位であるはずです。それを確かめると、はたして、[N·s]（力積の単位）=[kg·m/s$^2$]×[s]=[kg·m/s]（運動量の単位）になります（下図）。

046

第3章 単位を読み解く

## ● 運動量の比較

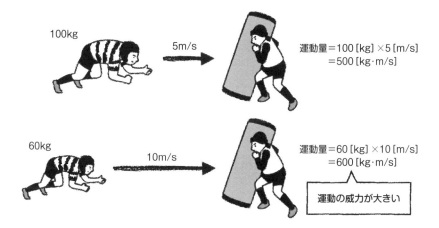

## ● 力積とは

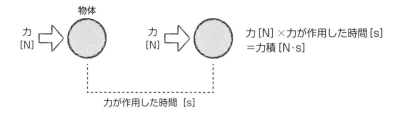

## ● 運動量と力積

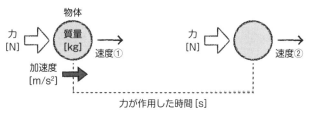

ニュートンの運動方程式より、力＝質量×加速度
加速度は単位時間あたりの速度の変化量なので、
力＝質量×（速度②－速度①）÷時間より、
力×時間＝（質量×速度②）－（質量×速度①）
よって、
　　力積＝運動量②－運動量①

## ●力学の単位(5)

# 3-9　①仕事　②仕事率　③エネルギー
### ①J　②W　③J

　「仕事」は日常生活でもおなじみの言葉ですが、一般的な日常用語の「仕事」と、物理学における「仕事」では意味が少々異なります。物理学では「仕事」は歴とした物理量であり、たとえば力学では、物体に力を加えて動かしたとき、【力の大きさ】[N]×【動いた距離】[m]=【仕事】[N・m]（ニュートンメートル）となります。

　これをそのまま仕事の単位として使えばよさそうなものですが、SI単位系ではジュール[J]という固有の単位を使い、1J=1N・mと定義しています。つまり、1Jは1Nの力で物体を1m動かしたときの仕事を表します（上図）。仕事は力学においてのみならず、電磁気学や熱力学など多くの分野にも登場する概念であり、それらをつなぐ単位として[N・m]より[J]のほうがふさわしいともいえます。

### ◆電気製品の消費電力ワットは仕事率の単位

　単位時間あたりどれだけ仕事をしたかという物理量が**仕事率**です。【仕事】÷【時間】=【仕事率】より、仕事率の単位は、[J]÷[s]=[J/s]（ジュール毎秒）となります。ただし、SI単位系ではこれに**ワット[W]** という固有の単位をあて、1W=1J/sと定義しています。1Wは、1秒間に1Jの仕事をしたときの仕事率を表します（上図）。ワットは電気製品の消費電力（➡p76）でも使用されています。電磁気学と力学をつなぐ単位が[J]であり[W]です。なお、[J]と[W]はそれぞれ、イギリスの物理学者ジェームズ・プレスコット・ジュール（1818-89）と、同じくイギリスの技術者ジェームズ・ワット（1736-1819）にちなみます。

### ◆エネルギーの単位は仕事と同じ

　物理学では、**エネルギー**は「仕事をする能力」をいいます。ただ、ひとくちにエネルギーといっても、運動エネルギーや位置エネルギー、電気エネルギー、熱エネルギーなど、さまざまな形態があります。しかし、SI単位系ではどれも単位は仕事と同じ**ジュール[J]** です。というのも、すべてのエネルギーは相互に変換できるからです。ただ、組立単位で表したほうが、そのエネルギーの計算式や特性がわかりやすい場合もあるので、下図に主なエネルギーの組立単位を紹介します。

　エネルギーは異なった形態のエネルギーに変換できますが、決して消滅したり減少したりしません。これが物理学の大原則である「エネルギー保存の法則」です。

第3章 単位を読み解く

## 仕事と仕事率

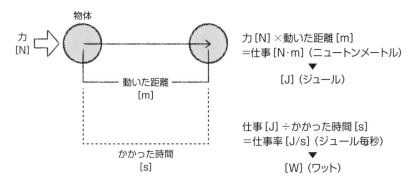

力 [N] × 動いた距離 [m]
＝仕事 [N·m]（ニュートンメートル）
▼
[J]（ジュール）

仕事 [J] ÷ かかった時間 [s]
＝仕事率 [J/s]（ジュール毎秒）
▼
[W]（ワット）

## いろいろなエネルギー

### 運動エネルギー

動いている物体

 → 速さ [m/s]

質量 [kg]

エネルギー
$= \dfrac{1}{2} \times 質量 \times 速さ^2$
単位 [kg·m²/s²]

### 位置エネルギー

高い所にある物体

高さ [m]

エネルギー
＝質量×重力加速度×高さ
単位 [kg·m²/s²]

### 電気エネルギー

エネルギー
＝電流×電圧×時間
単位 [Wh]（ワットアワー）
➡ p76

### 熱エネルギー

エネルギー
＝質量×比熱×温度変化
単位 [cal]（カロリー）
➡ p100

エネルギーにはいろいろな形態があり、さまざまな計算方法があるけれど、最終的には単位はすべてジュール [J] になるんだね

049

●力学の単位(6)

# ①角速度 ②角加速度
## ①rad/s ②rad/s²

物体が同じ速さで一直線に動く運動を**等速直線運動**というのに対して、同一円周上を同じ速さで動く運動を**等速円運動**といいます。等速円運動をする物体の単位時間あたりの回転角を**角速度**といい、【回転角】÷【時間】=【角速度】より、角速度の単位は、[rad]÷[s]=[rad/s]（ラジアン毎秒）になります。ある時間内に回転した角度がわかれば、この式から直接角速度を求めることができます。

一方、等速円運動では物体が移動した弧の長さと回転角は比例するので、物体の移動の速さからも角速度を求められます。【移動の速さ】×【時間】=【移動した弧の長さ】より、【移動した弧の長さ】=【回転角】×【円軌道の半径】（→p36）を代入して、【移動の速さ】×【時間】=【回転角】×【円軌道の半径】より、【回転角】÷【時間】=【移動の速さ】÷【円軌道の半径】になります。よって、【角速度】=【移動の速さ】÷【円軌道の半径】です。単位は、[m/s]÷[m]=[$s^{-1}$]になりますが、そもそもラジアンは無次元量なので、この[$s^{-1}$]は[rad/s]と同等です。

等速円運動は、その名のとおり速さが一定の運動ではあるものの、運動の向きがつねに変化する加速度運動です。作用している力の向きはつねに回転の中心方向で、この力を**向心力**といいます。つねに一定の向心力が物体にはたらいているときだけ、物体は等速円運動を続けることができます（上図、中図）。

◆角加速度と向心加速度

速度の変化率が加速度なら、角速度の変化率は**角加速度**です。角加速度は、回転の速さが速くなったり、遅くなったりするときの、角速度の単位時間あたりの変化を表します。【角速度】÷【時間】=【角加速度】より、角加速度の単位は、[rad/s]÷[s]=[rad/s²]（ラジアン毎秒毎秒）です。

なお、円運動する物体の移動の加速度（**向心加速度**）は、【移動の加速度】=【速度の変化量】÷【時間】になります。ここで、【速度の変化量】=【速さ】×【角速度】×【時間】で求められるので、【移動の加速度】=【速さ】×【角速度】×【時間】÷【時間】=【速さ】×【角速度】になります。移動の加速度の単位は、[m/s]×[rad/s]=[m/s²]です（下図）。また、この式は、【移動の加速度】=【円軌道の半径】×【角速度】²=【速さ】²÷【円軌道の半径】などとも書けます。

## 等速直線運動と等速円運動

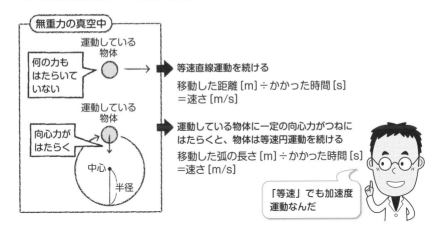

## 等速円運動の角速度と移動の速さ

## 等速円運動の角加速度と移動の加速度（向心加速度）

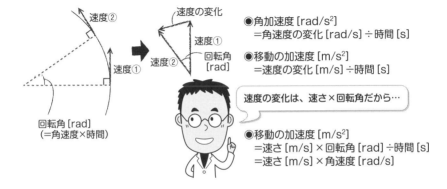

## ●力学の単位（7）

# 3-11　①慣性モーメント　②角運動量
### ①kg·m²　　②N·m·s

　物体の運動には、大きく分けて、位置を変える**並進運動**と、位置は変えずに回転（自転）する**回転運動**があります。すべての運動はこの2種類の運動の組み合わせからなります。前項で紹介した円運動も円軌道を描く並進運動です。ここでは円盤が位置を変えずに、重心を中心にして一定の速さで回る回転運動の単位について取り上げます。

　並進運動の、【運動量】＝【質量】×【速さ】からすれば、回転運動では円盤は移動しない（速さはゼロ）ので、運動量はゼロになります。しかし、円盤の微小部分（質点※）がそれぞれ円運動をしていると見なせば、円盤も運動量を持つことは明らかです。並進運動の運動量にあたる回転運動の物理量は**角運動量**であり、速さに対応するのは角速度、そして質量に対応する物理量を**慣性モーメント**といいます。したがって、【角運動量】＝【慣性モーメント】×【角速度】になります。同様に、【並進運動のエネルギー】＝1/2×【質量】×【速さ】²より、【回転運動のエネルギー】＝1/2×【慣性モーメント】×【角速度】²になります。

### ◆慣性モーメントと角運動量の単位

　「物体の動かしにくさ」を表す「慣性質量」に対して、「物体の回転のしにくさ」を表す物理量が慣性モーメントです。慣性モーメントの単位を確認すると、まず、【並進運動のエネルギー】＝1/2×【質量】×【速さ】²に、【速さ】＝【回転半径】×【角速度】を代入して、【運動エネルギー】＝1/2×【質量】×（【回転半径】×【角速度】)²＝1/2×【質量】×【回転半径】²×【角速度】²と変形します。これと上記の【回転の運動エネルギー】＝1/2×【慣性モーメント】×【角速度】²を対応させると、【慣性モーメント】＝【質量】×【回転半径】²になり、慣性モーメントの単位は、**キログラム平方メートル**［kg·m²］になります（上図）。

　同様に、【角運動量】＝【慣性モーメント】×【角速度】＝【質量】×【回転半径】²×【角速度】より、角運動量の単位は［kg·m²·rad/s］になります。ただし、radは本来無次元量なので省略すると、キログラム平方メートル毎秒［kg·m²/s］になります。これをあえて［kg·m/s²］×［m］×［s］に変形すると、kg·m/s²＝Nなので、角運動量の単位は**ニュートンメートル秒**［N·m·s］になります（下図）。

※　質点：大きさがなく質量だけがある点、または物体の全質量がそこに集中していると見なせる点

第3章 単位を読み解く

## 慣性モーメント

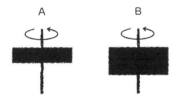

AとBのコマを回すのに、Bのほうがより強い力が必要となる。つまり、Bのコマのほうが回転しにくいといえる
この「回転のしにくさ」を表すのが慣性モーメントで、Bのコマのほうが慣性モーメントが大きい

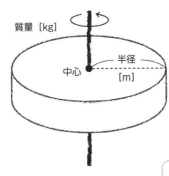

質量 [kg] × (半径 [m])$^2$
＝慣性モーメント [kg·m$^2$]

コマの回しやすさや回しにくさは慣性モーメントの違いなんだね

## 角運動量

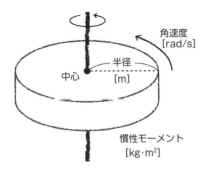

慣性モーメント [kg·m$^2$] × 角速度 [rad/s]
＝角運動量 [kg·m$^2$·rad/s]
‖
[N·m·s]

この [N·m] は仕事の単位ジュール [J]（＝[N·m]）と見た目は同じだが、[m] の表す意味がまったく異なる

053

●力学の単位(8)

# 3-12 ①トルク ②出力(馬力)
## ①N・m ②W

　トルクという言葉は、自動車のカタログなどでよく見かけます。また、以前は**馬力**という言葉も出てきましたが、最近は**出力**と表記するのが一般的です。

　まずトルクですが、これを「回転力」とする説明が多いものの、正確には**力のモーメント**のことをいいます。並進運動では力が運動を起こさせるのに対して、回転運動では運動を起こさせるものは力のモーメントです（上図）。

　たとえば、竿はかりに物体をつるすと、竿は支点を中心にして回転し傾きます。この回転をうながすものが力のモーメントであり、その大きさは、【物体の重さ】[N]×【力点と支点の長さ】[m]で表されます。したがって、力のモーメントの単位は**ニュートンメートル**[N・m]になります（中図）。これは仕事の単位と見た目は同じですが、「長さ」の意味が仕事とは異なるので、仕事の場合は単位にジュール[J＝N・m]を使うのに対して、力のモーメントでは[J]を使いません。

　なお、力のモーメントの作用によって物体が回転した場合の**仕事**は、【回転運動の仕事】＝【トルク】[N・m]×【回転角】[rad]より、単位は[N・m・rad]になります。ただし、ラジアンは無次元量なので、回転運動の仕事の単位も[N・m]になり、この場合は**ジュール**[J]を使用します。

◆**出力の単位としての馬力**

　出力の単位である馬力は**仕事率**を表します。かつて馬が労働力として活躍していた時代、当初は馬1頭が荷を引く仕事の効率を1馬力としていました。仕事率の単位は**ワット**[W]なので、現在イギリスでは、1馬力＝1HP＝745.700W、フランスでは1馬力＝1PS＝735.49875Wとされています。HPは英語のhorsepower、PSはドイツ語のpferdestärkenの略で、どちらも「馬力」の意味です。日本はフランス基準を採用しており、自動車のカタログでは出力の値として[W]の横に[PS]の値も併記されています。ただし、[PS]は非SI単位であり、SI単位系では[W]が正式な単位です。出力（馬力）の単位を確認すると、【出力】＝【回転運動の仕事】÷【時間】＝【トルク】×【回転角】÷【時間】＝【トルク】×【角速度】より、単位は[N・m]×[rad/s]＝[N・m・rad/s]になります。[rad]は無次元量なので、出力の単位は、[N・m・rad/s]＝[J/s]＝[**W**]です（下図）。

第3章 単位を読み解く

## 並進運動と回転運動

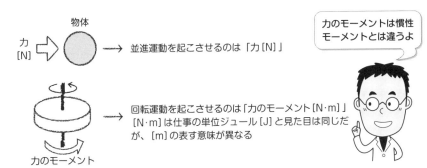

## 竿はかりの原理

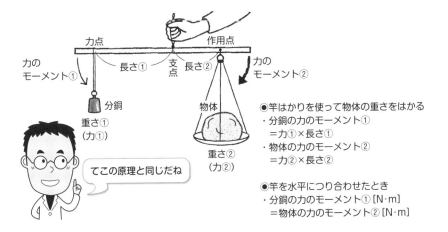

- 竿はかりを使って物体の重さをはかる
  - 分銅の力のモーメント①
    ＝力①×長さ①
  - 物体の力のモーメント②
    ＝力②×長さ②
- 竿を水平につり合わせたとき
  - 分銅の力のモーメント① [N·m]
    ＝物体の力のモーメント② [N·m]

## トルクと出力の単位

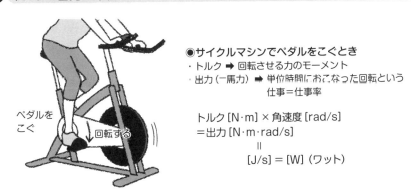

- サイクルマシンでペダルをこぐとき
  - トルク ➡ 回転させる力のモーメント
  - 出力（＝馬力）➡ 単位時間におこなった回転という
    　　　　　　　　仕事＝仕事率

  トルク [N·m] × 角速度 [rad/s]
  ＝出力 [N·m·rad/s]
  　　　‖
  　　[J/s] ＝ [W]（ワット）

## 力学の単位(9)

# 3-13 ①圧力 ②気圧
### ①Pa ②hPa

　**圧力**とは、単位面積あたりにかかる力をいいます。したがって、【力】÷【面積】＝【圧力】より、圧力の単位は、[N]÷[m²]＝[N/m²]（ニュートン毎平方メートル）になります。このままでもよさそうなものですが、SI単位系では**パスカル [Pa]**という固有の単位を使い、1Pa＝1N/m²と定義しています。つまり、1パスカル [Pa]は、1m²の面積を1Nの力で押したときの圧力になります（上図）。[Pa] は、フランスの物理学者で哲学者でもあったブレーズ・パスカル（1623-62）の名前からとったものなので、最初のPを大文字で表記します。

　「圧力」は、流体によっても発生します。水中では水圧がかかり、地表でも大気圧がかかっています。他にも油圧、音圧、土圧などさまざまな圧力がありますが、これらの単位もSI単位系ではすべてパスカル [Pa] です。

**◆気圧の単位の移り変わり**

　しかし、「圧力」には産業分野で慣習的に使われている非SI単位があります。たとえば、血圧の単位には**水銀柱ミリメートル [mmHg]** が使われています。歴史上、初めて大気圧を測定した**トリチェリの実験**で、大気圧とつり合った水銀柱の高さが76cmだったことから、1気圧＝76cmHg＝760mmHgとされました。1気圧は約1,013**ヘクトパスカル [hPa]** です（中図）。

　この [mmHg] の代わりに、イタリアの物理学者でトリチェリの実験をおこなったエヴァンジェリスタ・トリチェリ（1608-47）の名前からとった**トル [Torr]** という単位が使われることもあります。1mmHg＝1Torrです。また、海面上での大気圧を基準とした圧力表示もあり、英語の「atmosphere」由来の**標準大気圧 [atm]** が使われたりします。この場合1気圧＝1atmです。さらに、かつては気象分野で**ミリバール [mbar]** が使われていました。1mbarは1barの1,000分の1で、1mbar＝1hPa＝100Paになります。日本の天気予報では、最初 [mmHg] が使用され、1945年に [mbar] に変更、1992年に現在の [hPa] に切り替わりました（下図）。

　ところで、物体に力を加えたとき、物体が動いたり変形したりしなければ、外力に対抗する力が内部に発生し、これを**応力**といいます。この応力は通常、単位面積あたりの力で表すので、応力の単位も圧力と同じ**パスカル [Pa]** です。

第3章 単位を読み解く

## ○ 圧力の単位

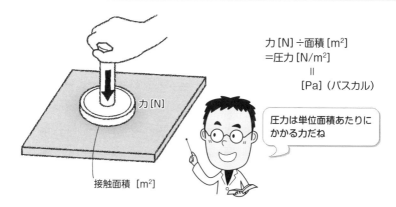

力[N]÷面積[m²]
=圧力[N/m²]
=
[Pa]（パスカル）

圧力は単位面積あたりにかかる力だね

## ○ トリチェリの実験

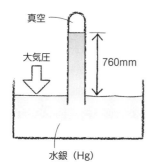

底のある管状容器に水銀（化学式：Hg）を満たし、逆さまにして水銀の中に立てると、管内の水銀の高さが760mmになった。つまり、高さ760mmの水銀による圧力が大気圧と等しいことがわかった

## ○ 気圧の単位の換算

h（ヘクト）は100倍の桁を表す

0℃の水銀の密度は約13.6×10³kg/m³なので、
760mmHg＝10,336kgf/m²＝101,293N/m²＝101,293Pa≒1,013hPa（ヘクトパスカル）

●日本の気象学における大気圧の単位の変遷

|  | 大気圧の単位 | 1気圧 |
|---|---|---|
| 最初<br>↓<br>1945年 | 水銀柱ミリメートル [mmHg] | 760mmHg |
| ↓<br>1992年 | ミリバール [mbar] に変更 | 1,013mbar |
|  | ヘクトパスカル [hPa] に変更 | 1,013hPa |

[bar] も圧力の単位
1bar＝1,000mbar
＝1,000hPa
なんだ

## ●電気と磁気の単位(1)

# 3-14 ①電気量 ②磁気量
## ①C　②Wb

静電気や電流などの電気現象のもとである電気量の根源は、**電気素量**(または**素電荷**)です。電気素量とは電子が持つ電気量の絶対値のことで、電気量の最小単位です。陽子や陽電子も同じ電気量を持ちますが、電子とは符号が逆で、電子が負(マイナス)、陽子や陽電子は正(プラス)です。なお、**電荷**とは電気を持っている粒子(荷電粒子)のことをいうだけでなく、電気量のことを指す場合もあります。

電気量のSI単位は**クーロン**[C]です。電流と時間の積で求められ、その単位は【電流】[A]×【時間】[s]=【電気量】[A·s](アンペア秒)となり、1A·s=1Cと定義しています。1秒間に1アンペア[A]の電流が流れるときに運ばれる電気量が1クーロン[C]で、[C]はフランスの物理学者シャルル・ド・クーロン(1736-1806)にちなみます。なお、電気素量の値は約$1.602 \times 10^{-19}$Cです(上図)。

### ◆磁気量の単位

電荷のまわりには**電場**ができます。しかし、**磁場**の場合はN極かS極のどちらか一方だけの磁性を持つ「磁荷」が存在しないため(中図)、歴史的かつ現在も2つの立場があります。1つは現在主流の立場で、磁場が電流(電荷の運動)によって生じるという物理的事実に基づきます(**E-B対応**)。Eは電場、Bは**磁束密度**を表し、電磁気において「電場には磁束密度が対応する」とします。もう1つは、仮想の磁荷が磁場をつくるとする立場(**E-H対応**)で、Hは磁場を表し、「電場には磁場が対応する」とします。E-H対応では、電気と磁気の類似性がはっきりします(電場・磁場➡p62、磁束➡p64)。2つの立場で単位や公式が異なる場合があります。

電気における電気量は、磁気では磁荷の**磁気量**にあたり、SI単位は**ウェーバ**[Wb]です。ただし、これは磁荷を仮想するE-H対応の考え方であり、E-B対応では[Wb]は**磁束**の単位になります。1Wbは、E-B対応では「1V(ボルト)の起電力を生じる1秒あたりの磁束の変化」、E-H対応では「真空中で1m離れた同じ磁気量の2つの磁荷の間にはたらく**磁気力**(**磁力**)が$6.33 \times 10^4$Nのときの磁気量」と定義されます(下図)。ただ、E-B対応で磁荷の考えをやむをえず取り入れるときは、その単位は[A·m](アンペアメートル)になります。なお、[Wb]はドイツの物理学者ヴィルヘルム・ヴェーバー(1804-91)にちなみます。

第3章 単位を読み解く

## ○ 正と負の電気素量

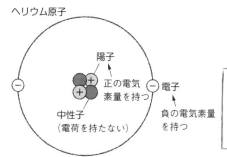

電子1個、陽子1個が持つ
電気量の絶対値を電気素量といい、
その大きさは$1.602×10^{-19}$C

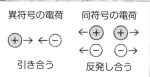

## ○ 磁気単極子は存在しない

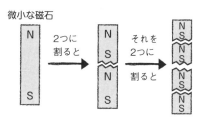

N極だけ、S極だけの
磁気単極子は仮想の存在

割っても割ってもN極
とS極が現れるんだね

## ○ ウェーバの定義

E-B対応

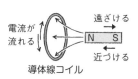

コイルを貫く磁束が変化すると
コイルに電流が流れる　← ファラデーの法則

このときの起電力＝−(磁束の変化)÷時間(秒)

電流の向きを表す

よって、
磁束の単位 Wb＝V(ボルト)×s(秒)＝V・s(ボルト秒)

---

E-H対応

2つの磁荷にはたらく力(引力または反発力)は

$$力 = \frac{1}{4\pi\mu_0} \times \frac{磁荷①×磁荷②}{(距離)^2}$$　← 磁気のクーロンの法則

ここで$\mu_0$は真空の透磁率(→p66)を表す

$\mu_0 = 4\pi \times 10^{-7}$ [N/A²] なので、$\frac{1}{4\pi\mu_0} ≒ 6.33 \times 10^4$ [A²/N]

磁荷①と②が同じ磁気量で、距離が1m、力が$6.33 \times 10^4$Nのとき、磁気量は1Wb

磁気量の単位 Wb＝$\frac{N \times m}{A(アンペア)}$＝V・s(ボルト秒)

● 電気と磁気の単位(2)

## 3-15  ①電気力線の数　②磁力線の数
### ①V·m　②A·m

　空間に置いた正電荷からは、**電気力線**が放射状に放たれます。電気力線は、電荷の電気力がまわりの空間に作用するようす、つまり**電場**（➡p62）の状態を表現した仮想の線です。電気力線の接線の方向が、その地点における電場の向きになります。そして、電気力線の密度（単位面積あたりの電気力線の数）が高いところほど、電場が強いことを表します（上図）。

　電気力線は「何本」と数えられ、電荷 [C] に出入りする電気力線の数は、【電気力線の本数】[本] =【電気量】[C] ÷【誘電率】で求められます。したがって、1Cの電荷から【誘電率】$^{-1}$本の電気力線が出ることになります。**誘電率**とは、電場によって物質がどれくらい分極しやすいかを表す物理量です（➡p66）。この誘電率の単位は**ファラド毎メートル** [F/m] = [C$^2$/(N·m$^2$)] = [C/(V·m)] なので、上式に単位を代入すると、**電気力線**の**本数**の単位は、[C] ÷ [C/(V·m)] = [V·m]（ボルトメートル）に換算できます（中図）。

### ◆磁力線の本数は磁気量と透磁率で決まる

　電気力線に対応する磁気の物理量は**磁力線**です。磁力線は、磁極がつくる**磁場**（➡p62）のようすを表します。磁石に下敷きをのせて鉄粉をばらまき、磁力線を観察したことがある人も多いでしょう。磁力線はN極から湧き出し、S極に吸収されるなど、電気力線と似た性質を持っている仮想の線です。磁力線の接線の方向が、その地点における磁場の向きと一致します。ただし、磁力線には電気力線と違って湧き出すだけ・吸収されるだけの線はなく、必ずN極とS極をつなぐループになります。それは電荷と違って「磁荷」が存在しないからです。もっとも、電気力線同様、磁力線も仮想の線であり、磁石のまわりに描かれる鉄粉の模様は、磁力線ではなく、磁場の分布を反映しているといったほうが正確です（下図）。

　磁力線の数の単位も [本] で、磁極 [Wb] に出入りする磁力線の数は【磁気量】÷【透磁率】で求まります。**透磁率**とは、磁場によって物質の中に磁荷がどれくらい発生するかを表す物理量です（➡p66）。透磁率の単位は**ヘンリー毎メートル** [H/m] = [N/A$^2$] = [Wb/(A·m)] なので、磁力線の本数の単位は、[Wb] ÷ [Wb/(A·m)] = [A·m]（アンペアメートル）に換算できます（中図）。

## 電気力線のようす

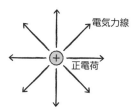

正電荷からは電気力線が
湧き出して放射状に広がる

負電荷には電気力線が
吸収される

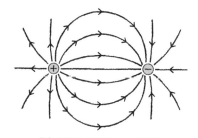

電気力線は正電荷から負電荷に
向かってのびる

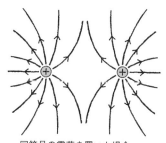

同符号の電荷を置いた場合、
電気力線は決してつながらない

## 電気力線と磁力線における「本数」の単位の類似性

● 電気力線の本数の単位は、 $\dfrac{電気量}{誘電率} = [C] \times \dfrac{[m]}{[F]} = [V \cdot m]$ （ボルトメートル）

　　　　　　　　　　　　　　　　　　ファラド：静電容量の単位 →p78

● 磁力線の本数の単位は、 $\dfrac{磁気量}{透磁率} = [Wb] \times \dfrac{[m]}{[H]} = [A \cdot m]$ （アンペアメートル）

　　　　　　　　　　　　　　　　　　ヘンリー：インダクタンスの単位 →p78

## 磁力線のようす

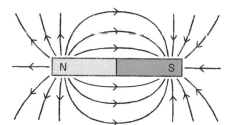

磁性は必ずN極とS極がセットなの
で、磁力線は必ずN極とS極を結ぶ
ループ状になる

磁石のまわりの磁力線はN極から湧き出してS極に吸収される

● 電気と磁気の単位 (3)

## 3-16　①電場　②磁場
### ①N/C　②N/Wb

　電気力や磁力がおよぶ空間を**電場**（または**電界**）、**磁場**（または**磁界**）といいます。物理学では、電場・磁場は電荷・磁極によって空間にある種の状態変化が生じた状態と見なします。空間には元々そういう性質が備わっているのです。

　電場は、電気力がおよぶ空間に置いた電荷が受ける力（**クーロン力**）で定義されます。すなわち、電場に置いた電荷は電場からクーロン力を受け、その強さは【電気量】×【電場の強さ】になります。

　よって、【電場の強さ】=【電荷が受ける電気力】÷【電気量】より、**電場の強さ**の単位は、[N]÷[C]＝[**N/C**]（ニュートン毎クーロン）になります。1Cの電荷が1Nの力を受ける電場の強さが1N/Cです（上図）。

　一方、電荷から出る電気力線の密度も電場の強さを表します。【電気力線の数】÷【面積】=【電気力線密度】より、電場の強さ（電気力線密度）の単位は、[V・m]÷[m²]＝[V/m]（**ボルト毎メートル**）になります。これと先に求めた単位は等しいので、[V/m]＝[N/C] になります。

### ◆磁場は電流がつくる

　磁場は電流がつくるので、磁場のようすは電流の流れ方によって変わってきます。直線電流、円電流、ソレノイド電流のまわりの磁場のようすは下図のとおりです。

　例として、直線電流がつくる磁場の強さを求めてみましょう。直線電流のまわりには同心円状の磁場ができますが、磁場の強さは電流の大きさに比例し、電流が流れる導体線からの距離に反比例します。これを**アンペールの法則**といいます。【磁場の強さ】=【電流の大きさ】÷（2π×【距離】）より、**磁場の強さ**の単位は、[A]÷[m]＝[**A/m**]（アンペア毎メートル）になります。

　なお、E-H対応では電場と磁場が対応しますので、電場と電荷の関係と同じように、磁場に磁荷を置くと、磁荷は磁場から**磁気力**（**クーロン力**）を受けます。その強さは、【磁気量】×【磁場の強さ】と定義されます。したがって、【磁場の強さ】=【磁荷が受ける磁気力】÷【磁気量】より、**磁場の強さ**の単位は、[N]÷[Wb]＝[**N/Wb**]（ニュートン毎ウェーバ）になります。これと先に求めた単位は等しいので、[N/Wb]＝[A/m] です。

## 電場・磁場から受ける力

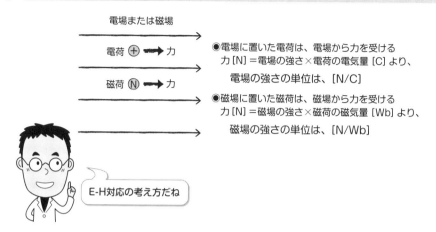

●電場に置いた電荷は、電場から力を受ける
力[N] =電場の強さ×電荷の電気量[C]より、
電場の強さの単位は、[N/C]

●磁場に置いた磁荷は、磁場から力を受ける
力[N] =磁場の強さ×磁荷の磁気量[Wb]より、
磁場の強さの単位は、[N/Wb]

E-H対応の考え方だね

## 電流がつくる磁場

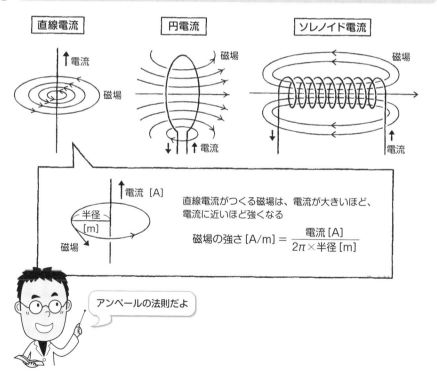

直線電流がつくる磁場は、電流が大きいほど、電流に近いほど強くなる

$$磁場の強さ[A/m] = \frac{電流[A]}{2\pi \times 半径[m]}$$

アンペールの法則だよ

## ●電気と磁気の単位（4）

### ①電束　②磁束
### ①C　②Wb

　**電束**は電気力線の束という意味ですが、電束と電気力線は微妙に違い、単位も異なります。点電荷から放射される電気力線の数は、【電気量】÷【誘電率】で求められます。誘電率（➡p66）は電気力を伝える媒質に固有の値なので、同じ電気量の点電荷であっても、そこから出る電気力線の数はまわりの媒質によって違ってきます。また、媒質の境界面では誘電率が違うため、電気力線の数が変わり、不連続になります。このような不都合を解消するために導入されたのが電束です。具体的には、電気力線の数に誘電率を掛けて、媒質（の誘電率）の影響を取り去ったものが電束です。電束は電気量だけで決まり、1Cの電荷から1束が放射されます。したがって、単位は電気量と同じ**クーロン**［**C**］です。ただし、電束も電気力線と同様に仮想の存在です（上図）。

　単位面積を垂直に貫く電束を**電束密度**といい、【電束密度】=【電束】÷【面積】より、単位は、［C］÷［m²］=［**C/m²**］（**クーロン毎平方メートル**）になります。電気力線密度がその地点での電場の強さを表し、それはまわりの媒質の影響を含んだ結果の値であるのに対して、電束密度は電荷のみによって決まります（中図）。

### ◆磁束密度は磁場の強さを表す

　電気力線と電束の関係と同じく、磁力線の数に透磁率（➡p66）を掛けて、媒質によって異なる値をとる透磁率の影響を取り去ったものが**磁束**です。磁荷から放射される磁力線の数は、【磁気量】÷【透磁率】で求められますので、それに透磁率を掛けた磁束の単位は磁気量と同じ**ウェーバ**［**Wb**］になります。もちろん磁束も磁力線と同様に仮想的な存在です（上図）。

　単位面積を垂直に貫く磁束を**磁束密度**といい、磁場の強さを表します。【磁束密度】=【磁束】÷【面積】より、磁束密度の単位は、［Wb］÷［m²］=［**Wb/m²**］（**ウェーバ毎平方メートル**）になります。これは［**N/(A·m)**］（**ニュートン毎アンペア毎メートル**）に単位換算できます（下図）。このどちらかの単位を使用すればよさそうですが、SI単位系では磁束密度に**テスラ**［**T**］という固有の単位を用い、1T=1Wb/m²=1N/(A·m)と定義しています。［T］は、オーストリア出身の電気技師で発明家でもあったニコラ・テスラ（1856-1943）にちなみます。

第3章 単位を読み解く

## 電気力線と電束、磁力線と磁束

A 電気力線または磁力線

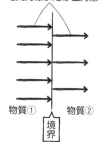

B 電束または磁束

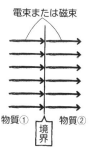

●電束と電気力線
電気力線の本数＝電気量÷誘電率なので、
電気力線は誘電率が異なる物質①と②の
境界で本数が変わり、不連続になる（図A）
そこで、電気力線の本数に誘電率を掛けて
電束とする。すると、
電束＝電気力線の本数×誘電率＝電気量より、

　　電束の単位はクーロン [C]

になり、誘電率に影響されなくなる（図B）

●磁束と磁力線
磁力線の本数＝磁気量÷透磁率なので、
磁力線は透磁率が異なる物質①と②の
境界で本数が変わり、不連続になる（図A）
そこで、磁力線の本数に透磁率を掛けて
磁束とする。すると、
磁束＝磁力線の本数×透磁率＝磁気量より、

　　磁束の単位はウェーバ [Wb]

になり、透磁率に影響されなくなる（図B）

電束や磁束は通過する物質に無関係になるように考えられた！

## 電束密度と磁束密度

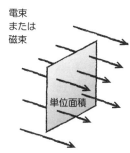

●電束密度……単位面積を垂直に貫く電束
電束密度＝電束 [C]÷面積 [m²] より、

　　単位は、[C/m²]（クーロン毎平方メートル）

電場との関係は、電束密度＝誘電率×電場の強さ

●磁束密度……単位面積を垂直に貫く磁束
磁束密度＝磁束 [Wb]÷面積 [m²] より、

　　単位は、[Wb/m²]（ウェーバ毎平方メートル）

磁場との関係は、磁束密度＝透磁率×磁場の強さ

## 磁束密度の単位換算

磁束密度の単位はT（テスラ）だよ

磁場の強さの単位は、[N/Wb]＝[A/m] より、

$$[Wb] = \frac{[N \cdot m]}{[A]}$$

よって、磁束密度の単位は、

$$[Wb/m^2] = \frac{[N \cdot m]}{[A][m^2]} = \frac{[N]}{[A \cdot m]} = [T]（テスラ）$$

● 電気と磁気の単位(5)

# 3-18　①誘電率　②透磁率
## ①F/m　②H/m

　自由電子がないゴムや木を電場に置いても電流は流れません。しかし、物質中の各原子の中で正の電気量を持つ原子核が電場の方向に、負の電気量を持つ電子が反対方向にわずかにずれ、微小な電気双極子が整列した状態になります。これを**誘電分極**といい、これを起こす物質を**誘電体**（または**絶縁体**、**不導体**）と呼びます（上図）。

　**誘電率**は誘電分極の度合を示す量ですが、もともと**クーロンの法則**で力 [N] と電気量 [C] をつなぐ係数として定義されました。クーロンの法則とは、2つの点電荷①②間にはたらく力は電荷の電気量①②の積に比例し、電荷間の距離の2乗に反比例するというもので、【力】= 係数×【電気量①】×【電気量②】÷【距離】$^2$ となります。この係数は**クーロン定数**と呼ばれ、$1/(4\pi \times$【誘電率】$)$ で表されるので、【力】= $\{1/(4\pi \times$【誘電率】$)\}$×（【電気量①】×【電気量②】）÷【距離】$^2$ となり、誘電率の単位は、$[C^2] \div ([N] \times [m^2]) = [C^2/(N \cdot m^2)] =$ **[N/V$^2$]**（ニュートン毎ボルト毎ボルト）となります。ただし、SI単位系では**静電容量**（→p78）の単位 [F]（ファラド）= $[C/V] = [C^2/J] = [C^2/N \cdot m]$ を用いて、誘電率の単位を **[F/m]**（**ファラド毎メートル**）と表すのが一般的です（中図）。

◆**透磁率は平行電流にはたらく力の係数**

　物体を磁場に置いたとき、その物体に磁極が現れることを**磁気誘導**といい、磁気誘導されて磁石の性質を持つことを**磁化**、磁化する物質を**磁性体**と呼びます。

　**透磁率**は、物体が磁化されやすい度合を示す量で、2本の平行な導体線に流れる電流間にはたらく単位長さあたりの力の係数として定義されました。【単位長さあたりの力】= 係数×【電流①】×【電流②】÷【導体線間の距離】で、係数は【透磁率】$/2\pi$ です。無次元量を無視して上式を単位で表すと、$[N/m] =$ 【透磁率】$\times [A^2] \div [m]$ となり、透磁率の単位は、**[N/A$^2$]**（ニュートン毎アンペア毎アンペア）になります。また、【磁束密度】$[Wb/m^2] =$ 【透磁率】×【磁場の強さ】$[N/Wb]$ より、透磁率の単位を、$[Wb/m^2] \div [N/Wb] = [Wb^2/(N \cdot m^2)] = [Wb/(A \cdot m)]$（**ウェーバ毎アンペア毎メートル**）と表すこともできます（下図）。ただし、SI単位系では**インダクタンス**（→p78）の単位 [H]（ヘンリー）= $[Wb/A]$ を用いて、$[Wb/(A \cdot m)] =$ **[H/m]**（**ヘンリー毎メートル**）と表すのが一般的です。

## 誘電体の誘電分極

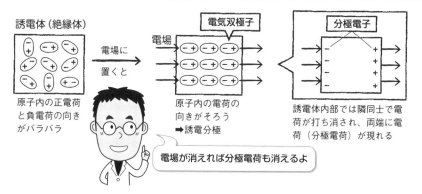

## クーロンの法則と誘電率

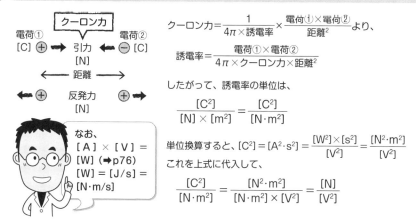

クーロン力 $= \dfrac{1}{4\pi \times 誘電率} \times \dfrac{電荷① \times 電荷②}{距離^2}$ より、

誘電率 $= \dfrac{電荷① \times 電荷②}{4\pi \times クーロン力 \times 距離^2}$

したがって、誘電率の単位は、

$$\dfrac{[C^2]}{[N] \times [m^2]} = \dfrac{[C^2]}{[N \cdot m^2]}$$

単位換算すると、$[C^2] = [A^2 \cdot s^2] = \dfrac{[W^2] \times [s^2]}{[V^2]} = \dfrac{[N^2 \cdot m^2]}{[V^2]}$

これを上式に代入して、

$$\dfrac{[C^2]}{[N \cdot m^2]} = \dfrac{[N^2 \cdot m^2]}{[N \cdot m^2] \times [V^2]} = \dfrac{[N]}{[V^2]}$$

なお、
$[A] \times [V] = [W]$ (→p76)
$[W] = [J/s] = [N \cdot m/s]$

## 平行電流にはたらく力と透磁率

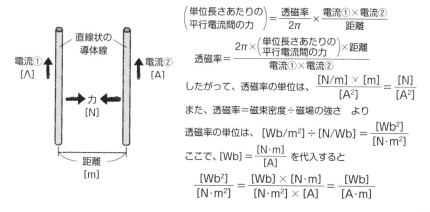

$\left(\begin{array}{c}単位長さあたりの\\平行電流間の力\end{array}\right) = \dfrac{透磁率}{2\pi} \times \dfrac{電流① \times 電流②}{距離}$

透磁率 $= \dfrac{2\pi \times \left(\begin{array}{c}単位長さあたりの\\平行電流間の力\end{array}\right) \times 距離}{電流① \times 電流②}$

したがって、透磁率の単位は、$\dfrac{[N/m] \times [m]}{[A^2]} = \dfrac{[N]}{[A^2]}$

また、透磁率＝磁束密度÷磁場の強さ　より

透磁率の単位は、$[Wb/m^2] \div [N/Wb] = \dfrac{[Wb^2]}{[N \cdot m^2]}$

ここで、$[Wb] = \dfrac{[N \cdot m]}{[A]}$ を代入すると

$$\dfrac{[Wb^2]}{[N \cdot m^2]} = \dfrac{[Wb] \times [N \cdot m]}{[N \cdot m^2] \times [A]} = \dfrac{[Wb]}{[A \cdot m]}$$

## 3-19 ①電位 ②磁位
①V  ②A

●電気と磁気の単位(6)

　電場に電荷を置くと、電荷に力がはたらき、電気力線に沿って移動します。これを、山の斜面に物体を置くと重力のせいで斜面を転げ落ちるがごとく、電場の山を電荷が転げ落ちると見なすことができます。このとき、電場の山の斜面の高さが**電位**を表し、2つの地点の高さの差（**電位差**）を**電圧**（➡p72）と呼びます（上図）。

　なお、電位と電場の強さは似た感じがしますが、2つは異なる物理量です。電場の強さはそこに置いた電荷が受ける力を決める量であり、電位はそこに置いた電荷が持つ**電気的位置エネルギー**を決める量といえます。したがって、電位の単位は、【電気的位置エネルギー】÷【電荷】より、[J]÷[C] = [J/C]になります。ここで、[J] = [C·V] を代入すると、[J/C] = [C·V]÷[C] = [**V**]（ボルト）になります。もちろん、電位差を表す電圧の単位も [V] になります（下図）。

　磁場の強さと**磁位**の関係も同様です。E-H対応の考え方に基づくと（➡p58）、磁場に置いた磁荷が磁力線に沿って移動するのは、磁場の山の斜面を磁荷が転げ落ちると見なすことができます。このとき、磁場の山の斜面の高さが磁位を表し、2つの地点の高さの差が**磁位差**です。すなわち、磁位は磁場中の磁荷が持つ**磁気的位置エネルギー**を決める量だといえます（上図）。ここに電流の概念は登場しませんが、磁位の単位は、【磁気的位置エネルギー】÷【磁荷】より、[J/Wb] = [A·V·s]÷[V·s] = [**A**]（アンペア）になります。このことからも、磁気が電流によるものだということがわかります（下図）。

### ◆電位と磁位の単位を定義から求める

　電荷がある距離の位置につくる電位は、電位 = {1/(4π×【誘電率】)}×【電荷の電気量】÷【距離】と定義されます。誘電率の単位は、[F/m] = [C/(V·m)] なので、電位の単位は、[V·m/C]×[C]÷[m] = [V] となります。同様に、磁荷がある距離の位置につくる磁位は、{1/(4π×【透磁率】)}×【磁荷の磁気量】÷【距離】と定義されます。透磁率の単位は、[H/m] = [Wb/(A·m)] なので、磁位の単位は、[A·m/Wb]×[Wb]÷[m] = [A] となります。

　なお、位置エネルギーを決めるには基準点が必要ですが、電位と磁位ではそれぞれの値が0と見なせる無限遠点を基準にとります。

第3章 単位を読み解く

## ◯ 電場の山と磁場の山

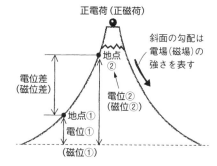

電場(磁場)を山と見なすと、ある地点の高さが電位(磁位)、地点①と地点②の高さの差が電位差(磁位差)となる。なお、電位差＝電圧

●電位
　⇒電気的位置エネルギーの
　　大きさを決める「高さ」
　※電場の強さ→その地点に置いた電荷が
　　　　　　　受ける力の大きさ

●磁位
　⇒磁気的位置エネルギーの
　　大きさを決める「高さ」

したがって、電位差(磁位差)が大きいほど、電荷(磁荷)を運ぶときの仕事が大きくなる

## ◯ 山の斜面から電位・磁位の単位を求める

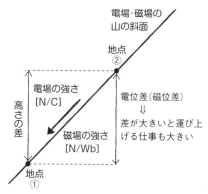

地点①と地点②の電位差(磁位差)は、電場(磁場)の強さに逆らって電荷(磁荷)を運ぶときの単位電荷(磁荷)あたりの仕事を表す

●電位(電位差)の単位は、仕事÷電荷より、[J/C]になる
[C] = [A·s]、[J] = [W·s] = [A·V·s]を代入すると、

$$[J/C] = \frac{[A \cdot V \cdot s]}{[A \cdot s]} = [V]（ボルト）$$

●磁位(磁位差)の単位は、仕事÷磁荷より、[J/Wb]になる
[Wb] = [V·s]、[J] = [W·s] = [A·V·s]を代入すると、

$$[J/Wb] = \frac{[A \cdot V \cdot s]}{[V \cdot s]} = [A]（アンペア）$$

●電気と磁気の単位(7)

# 3-20　①電気双極子モーメント　②磁気モーメント
### ①D　　②A·m²

　同じ電気量で符号が逆の2つの電荷が対になって近接している状態を**電気双極子**といい、例としては水分子などの極性を持つ分子や、誘電分極の際に誘電体の内部に原子・分子が双極子となって整列する場合などが挙げられます。つまり、電気双極子は電気的極性を持つ原子・分子といえます。そして、電場内では電気双極子の向きを変えてそろえる力がはたらき、それを**電気双極子モーメント**といいます。電気双極子モーメントは電気的極性の大きさを表します（上図）。

　【電気双極子モーメント】＝【電荷の電気量】×【電荷間の距離】と定義されていますので、電気双極子モーメントの単位は、[C]×[m]＝[**C·m**]（**クーロンメートル**）になります。ただし、原子や分子の電気双極子モーメントは[C·m]では単位が大きすぎて使いづらいため、代わりに非SI単位の[**D**]（**デバイ**）が使用されることも多く、1D＝3.33564×10⁻³⁰C·mです。なお、[D]はオランダ出身の物理学者・化学者であるピーター・デバイ（1884-1966）にちなんだものです。

◆**磁気モーメントと磁気双極子モーメントの違い**

　微小な円電流がつくる磁場と、電気双極子がつくる電場はそっくりです（中図）。そこで、円電流がつくる磁場を正負の磁荷がつくる磁場と見なす、というのが今のE-H対応の考え方の基になっています（→p58）。そして、電気双極子モーメントにならって、【**磁気双極子モーメント**】＝【磁荷の磁気量】×【磁荷間の距離】と定義しました。これがE-H対応における磁気の基本量といえます。磁気双極子モーメントの単位は、[Wb]×[m]＝[**Wb·m**]（**ウェーバメートル**）になります（下図）。

　一方、E-B対応の考えに基づくと、円電流による**磁気モーメント**（双極子ではないので「双極子」を付けない）は、電流と円電流が囲む円の面積の積で求められ、【磁気モーメント】＝【電流】×【電流が囲む面積】となります。したがって、磁気モーメントの単位は、[A]×[m²]＝[**A·m²**]（**アンペア平方メートル**）です。

　では、磁気双極子モーメントと磁気モーメントはどう違うのでしょうか？　じつは、両者をつなぐのが（真空の）透磁率で、【磁気双極子モーメント】＝【透磁率】×【磁気モーメント】になります。これを単位で確認すると、右辺は、[Wb/(A·m)×[A·m²]＝[Wb·m]となり、磁気双極子モーメントの単位と同じです。

## ◯ 電気双極子モーメント

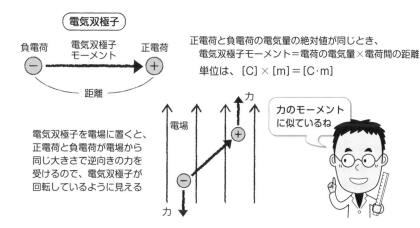

正電荷と負電荷の電気量の絶対値が同じとき、
　電気双極子モーメント＝電荷の電気量×電荷間の距離
　単位は、$[C] \times [m] = [C \cdot m]$

電気双極子を電場に置くと、正電荷と負電荷が電場から同じ大きさで逆向きの力を受けるので、電気双極子が回転しているように見える

力のモーメントに似ているね

## ◯ 電気双極子と円電流の相似性

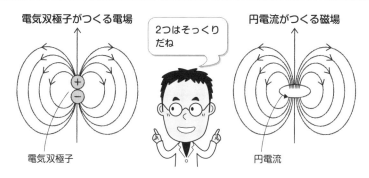

2つはそっくりだね

## ◯ 磁気双極子モーメントと磁気モーメント

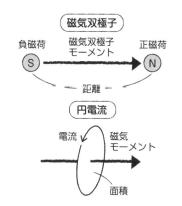

正磁荷と負磁荷の磁気量の絶対値が同じとき、
　磁気双極子モーメント＝磁荷の磁気量×磁荷間の距離
　単位は、$[Wb] \times [m] = [Wb \cdot m]$

磁気モーメント＝電流×電流が囲む面積
　単位は、$[A] \times [m^2] = [A \cdot m^2]$

なお、透磁率の単位は、$[H/m] = [Wb/(A \cdot m)]$
なので、透磁率×磁気モーメントの単位は、

$$\frac{[Wb]}{[A \cdot m]} \times [A \cdot m^2] = [Wb \cdot m]$$

磁気双極子モーメントの単位

## ●電気と磁気の単位(8)

### 3-21  ①電圧  ②起磁力
### ①V  ②A

　電源と抵抗を導線でつないでつくった**電気回路**のうち、電池などの直流電源を用いたものを**直流回路**といいます。直流回路で最も基本となる公式は、【電圧】=【電流】×【電気抵抗】でしょう。電圧と電流は比例関係にあり、これは水圧と水流の関係に例えられます。水圧（水位差）が大きいほど水が勢いよく流れるように、電圧（電位差）が大きいほど電流が勢いよく流れます。電圧は電流を流す圧力で、電流はその圧力で押し出される水流といえます（上図）。

　SI単位系では**電圧**（電位差）の単位は**ボルト**［V］です。［V］はイタリアの物理学者でボルタ電池を発明したことで有名なアレッサンドロ・ボルタにちなみます。［V］を単位換算すると、上式より、[V]=[A]×[Ω]=[A・Ω] になります。もっとも、定義の面ではこれは逆で、**電気抵抗**［Ω］のほうが【電圧】[V]÷【電流】[A]と定義されています（→p74）。

　電圧の単位換算でよく使われるのは、【電圧】[V]×【電流】[A]=【電力】[W]（→p76）より、[V]=[W/A]（ワット毎アンペア）です。また、［W］は仕事率［J/s］のことなので、[V]=[J/A・s]=[J/C]（ジュール毎クーロン）になります。

　なお、ボルト［V］は**起電力**の単位でもあります。起電力とは、「電力」と名前が付いていますが、電流を流そうとする圧力のことであり、単位は電圧と同じです。

### ◆磁圧・磁流という用語は存在しない

　鉄芯に巻いたコイルに電流を流すと、鉄芯内に磁束が発生し電磁石になります。このときの磁束の通り道を**磁気回路**といいます（下図）。電気回路と磁気回路を対比させると、電気回路の起電力（電圧）が磁気回路の**起磁力**、電流が磁束、電気抵抗が**磁気抵抗**（→p74）にあたります。ちなみに、磁圧や磁流という言葉は使いません。

　起磁力とは、磁気回路に磁束を発生させるパワーのことをいい、【起磁力】=【コイルの巻き数】×【電流】です。つまり、コイルの巻き数が多く、流れる電流が大きいほど、起磁力も大きくなります。コイルの巻き数は無次元量なので、SI単位系では起磁力の単位は**アンペア**［A］になります。ただし、電流の単位と区別するために、巻き数（turn）を「T」で表し、起磁力を［AT］（**アンペアターン**、または**アンペア回数**）と表記することもあります。

# 第3章 単位を読み解く

## ● 直流回路の水流モデル

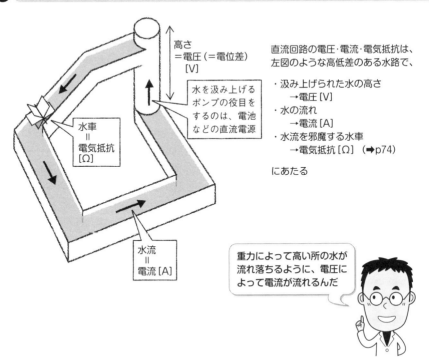

直流回路の電圧・電流・電気抵抗は、左図のような高低差のある水路で、

・汲み上げられた水の高さ
　→電圧 [V]
・水の流れ
　→電流 [A]
・水流を邪魔する水車
　→電気抵抗 [Ω]　（→p74）

にあたる

重力によって高い所の水が流れ落ちるように、電圧によって電流が流れるんだ

## ● 磁気回路の起磁力

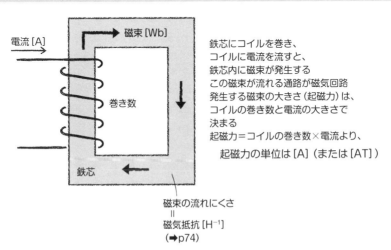

鉄芯にコイルを巻き、
コイルに電流を流すと、
鉄芯内に磁束が発生する
この磁束が流れる通路が磁気回路
発生する磁束の大きさ (起磁力) は、
コイルの巻き数と電流の大きさで
決まる
起磁力＝コイルの巻き数×電流より、

　　起磁力の単位は [A] （または [AT] ）

## 3-22 ①電気抵抗 ②磁気抵抗
### ①Ω　②H⁻¹

　直流電気回路において、電圧は電流に比例し、その比例定数を**電気抵抗**といいます。すなわち、【電圧】=【電気抵抗】×【電流】であり、これを**オームの法則**といいます。電気抵抗の単位は、[V]÷[A]=[**V/A**]（**ボルト毎アンペア**）になります。ただし、SI単位系では、**オーム**[Ω]という固有の単位を使うのがふつうです。「1Aの直流電流が流れる導体における2点間の電圧（電位差）が1Vのときの電気抵抗が1Ω」と定義され、1Ω=1V/Aになります（上図）。[Ω]は、ドイツの物理学者ゲオルク・オーム（1789-1854）にちなみます。なお、オームは「Ohm」と綴りますので、本来なら電気抵抗の単位は英語のアルファベット大文字表記で「O」になるはずです。しかし、それでは数字の「0」と紛らわしいので、ギリシア語で「大きいO」を意味する「オメガ」の大文字「Ω」を使用することになりました。

　電気抵抗[Ω]の逆数[Ω⁻¹]を**コンダクタンス**といい、電流の流れやすさを表します。単位は[Ω⁻¹]=[A/V]になりますが、SI単位系では**ジーメンス**[S]という単位を用います（→p80）。[A/V]=[S]です。なお、[S]はドイツの電気技術者ヴェルナー・フォン・ジーメンス（1816-92）にちなみます（下図）。

### ◆磁気抵抗は磁束の流れにくさ

　磁気回路では起磁力は磁束に比例し、その比例定数を**磁気抵抗**（または**リラクタンス**）といいます。磁気抵抗は磁束の流れにくさを表します。電気と磁気の対比から、電気回路の起電力（電圧）が磁気回路の起磁力、電流が磁束、電気抵抗が磁気抵抗にあたるので、【起磁力】=【磁気抵抗】×【磁束】が成り立ち、これを、発見者のイギリスの電気工学者ジョン・ホプキンソン（1849-98）の名にちなんで、**ホプキンソンの法則**（**磁気回路のオームの法則**）といいます（中図）。【磁気抵抗】=【起磁力】÷【磁束】より、磁気抵抗の単位は、[A]÷[Wb]=[**A/Wb**]（**アンペア毎ウェーバ**）になりますが、SI単位系では、インダクタンス（→p78）の単位であるヘンリー[H]（=[Wb/A]）の逆数をとって、**毎ヘンリー**[H⁻¹]を使うのが一般的です。

　なお、磁気抵抗[H⁻¹]の逆数を**パーミアンス**といい、磁束の通りやすさを表します。パーミアンスの単位は、[H⁻¹]の逆数なので、インダクタンスと同じ[H]（=[Wb/A]）になります（下表）。

## 電気回路のオームの法則

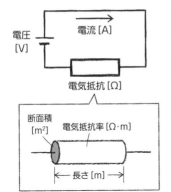

**オームの法則**

電圧 [V] ＝電気抵抗 [Ω] ×電流 [A]

電気抵抗は電流の流れにくさを表し、電圧が一定の場合、電気抵抗が大きいほど流れる電流が小さくなる

●電気抵抗率
電気抵抗は導体の長さに比例し、断面積に反比例する

電気抵抗 [Ω] ＝電気抵抗率×長さ [m] ÷断面積 [$m^2$]

電気抵抗率は物質に固有の値で、
単位は、[Ω・m]（オームメートル）

## 磁気回路のオームの法則

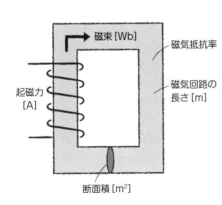

**ホプキンソンの法則**

起磁力 [A] ＝磁気抵抗 [$H^{-1}$] ×磁束 [Wb]

磁気抵抗は磁束の流れにくさを表し、起磁力が一定の場合、磁気抵抗が大きいほど流れる磁束が小さくなる

●磁気抵抗率
磁気抵抗は磁気回路の長さに比例し、断面積に反比例する

磁気抵抗 [$H^{-1}$]
＝磁気抵抗率×長さ [m] ÷断面積 [$m^2$]

磁気抵抗率は透磁率の逆数で、
単位は、[m/H]

## 電気抵抗と磁気抵抗の逆数

電気と磁気における抵抗と、その逆数の用語と単位をまとめたよ

| | 用語 | 単位 | | 逆数 | 単位 | |
|---|---|---|---|---|---|---|
| 電気 | 電気抵抗 | Ω | V/A | コンダクタンス | $Ω^{-1}$ | S（ジーメンス） |
| | 電気抵抗率 | Ω・m | | 導電率 | S/m | |
| 磁気 | 磁気抵抗（リラクタンス） | $H^{-1}$ | A/Wb | パーミアンス | H | Wb/A |
| | 磁気抵抗率 | m/H | 透磁率の逆数 | パーミアンス係数 | H/m | 透磁率と同じ |

## ●電気と磁気の単位(10)

### 3-23 ①電力 ②電力量
### ①W ②J

　電場に置かれた電荷は、電位差の勾配を転がり落ち、電気的位置エネルギーを失います。このとき電場がする仕事は、【電場がする仕事】=【電気量】×【電位差】より、単位は、[C]×[V]=[C·V](クーロンボルト)=[J](ジュール)になります。また、仕事率(=単位時間にする仕事)の単位は、時間で割って、[C·V/s](クーロンボルト毎秒)=[J/s](ジュール毎秒)になります。

　一方、電気回路において、電流と電圧を掛け合わせた物理量を**電力**といいます。【電力】=【電流】×【電圧】なので、電力の単位は、[A]×[V]=[A·V](アンペアボルト)になります。この式に、[A]=[C/s]を代入すると、電力の単位は、[A·V]=[C·V/s]となり、上述の電場がする仕事率と一致します。つまり、電力とは電流による仕事率を表します。もっとも、SI単位系では電力の単位に[W](ワット)を使用するのがふつうです。単位換算を整理すると、[W]=[A·V]=[C·V/s]=[J/s]です。この電力に時間を掛けた物理量を**電力量**といいます。仕事の量を表すので、単位は[J]です。ただ、電気料金の請求書では、[J]の代わりに[kW·h](キロワットアワー、または**キロワット時**)が使われています。[W·s](ワット秒)ならSI組立単位といえますが、[W·h]は非SI単位です。しかし、使用が認められており、1W·sが1Jなので、1kW·h=1,000W·h=3,600,000Jになります(上図)。

### ◆ローレンツ力による仕事?

　磁場中を運動する電荷が磁場から受ける力を**ローレンツ力**といいます。電荷が磁場を直角に横切るとき、その力の大きさは、【ローレンツ力】=【電荷】×【速さ】×【磁束密度】になります。右辺を単位の式で表すと、[C]×[m/s]×[T]となりますが、この式に、[C]=[A·s]、[T]=[N/(A·m)]を代入すると、[A·s]×[m/s]×[N/(A·m)]=[N]となり、ローレンツ力の単位は力の単位ニュートン[N]に落ち着きます。このローレンツ力と電荷が移動した距離を掛ければ、磁場が電荷に対してした仕事になるわけですが、じつは仕事は0です。というのは、ローレンツ力が作用する向きは電荷の運動方向(と磁場の向き)に直角だからです。力の向きに運動しないので、ローレンツ力は仕事をしたことになりません。ローレンツ力・磁場・電荷の運動の向きはフレミングの左手の法則に従います(下図)。

## 電力と電力量

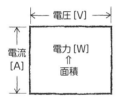

左図の四角形で、縦を電流、横を電圧の大きさとすると、四角形の面積が電力を表す

電力 [W] ＝電流 [A] ×電圧 [V]

電力の単位 [W]（ワット）は仕事率を表し、

[W] ＝ [J/s]

上の四角形に奥行きを加えた直方体の体積が電力量を表す

電力量 [J] ＝電力 [W] ×時間 [s]
　　　　＝電流 [A] ×電圧 [V] ×時間 [s]

電力の単位は [J]（ジュール）だが、[kW·h]（キロワットアワー）がよく使われる
1J＝1W·s、kW＝1,000W、1h＝3,600sなので、

1kW·h＝1,000W·h＝3,600,000W·s＝3,600,000J

## ローレンツ力

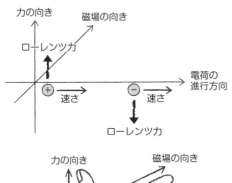

磁場の中を電荷が直角に横切ると、左図のように、電荷はローレンツ力を受ける
ローレンツ力の大きさの単位は、

ニュートン [N]

ローレンツ力の向きは、フレミングの左手の法則に従い、負電荷が受ける力の向きは正電荷の逆方向になる

フレミングの左手の法則

3つの向きは互いに直角

中指が示す方向は、正電荷の進行方向（電流の向き）なんだ

●電気と磁気の単位(11)

# 3-24 ①静電容量 ②インダクタンス
## ①F ②H

　同じ面積の導体板を近接させ、それぞれを電池の正極と負極につなぐと、導体板間に電位差が生じ、自由電子が導体線を移動します。電池の正極につながれた導体板の自由電子は、導体線と電池を通って負極につながれた導体板に移動します。自由電子の移動は導体板間の電位差が電池の電圧と同じになるまで続きます。こうして、導体板の一方には正電荷（＋$Q$）が、他方に同じ量の負電荷（－$Q$）が現れ、電荷（$Q$）が蓄えられた状態になります（上図）。電荷は電池をはずしても維持されます。これを利用して電気を一時的に蓄える装置がコンデンサで、蓄えられる電荷（電気量）は、【電気量】＝係数×【電位差】で求められます。この係数を**静電容量**といい、単位は、【静電容量】＝【電気量】÷【電位差】より、[C]÷[V]＝[C/V]（**クーロン毎ボルト**）です。ただし、SI単位系では**ファラド** [F]（＝[C/V]）という固有の単位を用いるのが一般的です。静電容量が大きいほど電気をたくさん蓄えられます。なお、[F] はイギリスの物理学者マイケル・ファラデー（1791-1867）にちなみます。

◆**自己インダクタンスと相互インダクタンス**

　導体線コイルの中の磁束（磁場）が変化するとコイルに電流が流れる現象を**電磁誘導**といいます。そして、電流の大きさが変化するとコイル内の磁束が変化することで、コイルには電流の変化を妨げようとする向きに**誘導起電力** [V] が生じ、これを**自己誘導**といいます（下図）。自己誘導で生じる起電力は、電流の変化率に比例し、【誘導起電力】＝係数×【電流の変化率】で表されます。この係数を**自己インダクタンス**といい、【インダクタンス】＝【誘導起電力】÷【電流の変化率】より、単位は、[V]÷[A/s]＝[V・s/A]＝[Wb/A]（**ウェーバ毎アンペア**）になります。ただし、SI単位系では、**ヘンリー** [H]（＝[Wb/A]）という固有の単位を用いるのが一般的です。[H] はアメリカの物理学者ジョセフ・ヘンリー（1797-1878）にちなみます。インダクタンスが大きいほど起電力が大きくなります。

　なお、軸を共有する2つのコイルにおいて、一方に流れる電流の大きさが変化すると、他方に誘導起電力を発生させます。これを**相互誘導**といい、起電力と電流の変化率は比例します。このときの比例定数を**相互インダクタンス**といい、単位は同じ [H] です。相互誘導を利用した装置に変圧器があります。

## ● コンデンサの原理

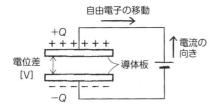

向かい合わせにした2枚の導体板に
電圧をかけると、それぞれの導体板に
正または負の電荷がたまる
このとき、

　電荷（Q）＝係数×電位差

の関係が成り立つ

　係数（静電容量）＝電荷 [C] ÷電位差 [V]

より、
静電容量の単位は、

　[C/V]＝[F]（ファラド）

2枚の導体板（金属板）を向かい合わせたものをコンデンサ、またはキャパシタというんだ

## ● 自己インダクタンス

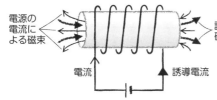

流す電流を大きくする
↓
コイル内の磁束が大きくなる
↓
その磁束を妨げる向きの誘導起電力が発生
↓
逆向きの誘導電流が流れる

レンツの法則というんだ

左図のような回路に電流を流すと、
コイル内に左向きの磁束が通る
このとき、電源からの電流を大きくすると、
磁束も大きくなるが、その磁束の変化を
妨げる向きに誘導起電力が生じて、
逆向きの誘導電流が流れる
（電源からの電流を小さくすると
誘導電流の向きは逆になる）
これが自己誘導

　誘導起電力 [V]
　＝係数×電源の電流の変化率

この係数を自己インダクタンスという
インダクタンスの単位は、

　インダクタンス
　＝磁束（磁束鎖交数）÷電流

でも求められ、

　[Wb]÷[A]＝[Wb/A]
　＝[H]（ヘンリー）

1Hは、1秒間に1A変化する電流によって1Vの誘導起電力が発生するコイルのインダクタンス

磁束鎖交数とは、鉄芯を貫く磁束にコイルの巻き数を掛けた、コイル全体を貫く磁束をいい、単位は磁束と同じ [Wb]

●電気と磁気の単位(12)

## 3-25 ①インピーダンス ②アドミタンス
### ①Ω　②S

　ここまで電気に関しては主として静電気と直流回路における単位について紹介してきましたが、「電気と磁気の単位」の最後に交流回路における抵抗に関する単位を取り上げます。交流回路における各種物理量の単位は、基本的に直流回路とほとんど変わらないものの、用語にはカタカナ語が多く紛らわしいので、整理しておきましょう（上表）。

　電流の向きと大きさが一定の直流に対して、周期的に向きと大きさが変化する電流を交流電流といい、同時に交流電圧も変動します。言い換えると、電圧や電流が波のように振動するのが交流で、単位時間あたりの振動回数（**周波数**）の単位は[Hz]（ヘルツ）、振動の大きさ（**振幅**）の単位は[m]（メートル）です（➡p82）。

　交流回路における電圧と電流の比を**インピーダンス**といいます。つまり、**電気抵抗**のことです。交流回路に抵抗器以外に、コイルやコンデンサが接続されている場合、コイルは自己誘導によって、コンデンサは充放電によって、電流の流れを妨げる働きをします。このような電流の流れを妨げるような作用を**リアクタンス**といい、コイルによるものをとくに**誘導性リアクタンス**、コンデンサによるものを**容量性リアクタンス**といいます。そして、これらと抵抗器などの抵抗をひっくるめ、本来の「抵抗」と区別してインピーダンスと呼びます。しかし、インピーダンスにしろ、リアクタンスにしろ、単位は抵抗と同じ[Ω]（オーム）になります。

　なお、本来の電気抵抗をカタカナ語でいえば**レジスタンス**です。

### ◆インピーダンスの逆数はアドミタンス

　電気抵抗のオーム[Ω]の逆数を**コンダクタンス**といい、単位はジーメンス[S]です。抵抗の逆数なので電流の流れやすさを表す物理量ですが、交流回路のインピーダンスの逆数**アドミタンス**も同様です。コイルやコンデンサにおけるリアクタンスの逆数を**サセプタンス**といい、サセプタンスとコンダクタンスを総じてアドミタンスといいます。アドミタンスもサセプタンスも単位は[S]（ジーメンス）です。

　以上、交流回路の抵抗とその逆数にはさまざまな用語が出てきましたが、単位は直流回路と同じ[Ω]と[S]です。しかし、電力については直流回路と交流回路でまったく異なります。交流回路の電力には3種類あり、下図にまとめました。

第3章 単位を読み解く

## ● 交流回路の抵抗成分とその逆数

●交流の抵抗成分のまとめ➡交流電流の流れにくさを表す(単位はすべてΩ)

| インピーダンス<br>(交流回路におけるすべての抵抗成分) |||
|---|---|---|
| レジスタンス<br>(直流・交流に関係のない<br>抵抗成分。純抵抗) | リアクタンス<br>(コイル・コンデンサの抵抗成分) ||
| ^ | 誘導性リアクタンス<br>(コイルの抵抗成分) | 容量性リアクタンス<br>(コンデンサの抵抗成分) |

●交流の抵抗成分の逆数のまとめ➡交流電流の流れやすさを表す(単位はすべてS)

| アドミタンス<br>(インピーダンスの逆数) |||
|---|---|---|
| コンダクタンス<br>(レジスタンスの逆数) | サセプタンス<br>(リアクタンスの逆数) ||
| ^ | 誘導性サセプタンス<br>(誘導性リアクタンスの逆数) | 容量性サセプタンス<br>(容量性リアクタンスの逆数) |

## ● 交流回路の電力

交流回路の電力は、皮相電力、有効電力、無効電力の3つで表す　[W]は用いない

● 皮相電力は、電源から出る見かけ上の電力で、単位は[V・A](ボルトアンペア)。有効電力と無効電力を合わせたもの

$$皮相電力 [V・A] = 電圧 [V] \times 電流 [A]$$

● 有効電力は、負荷(抵抗成分など)が実際に消費する電力で、単位は[W](ワット)

$$有効電力 [W] = 電圧 [V] \times 電流 [A] \times 力率$$
$$= 皮相電力 [V・A] \times 力率$$

● 無効電力は、電源と負荷の間を往復するだけで、負荷が消費しない電力。単位は[var](バール)

$$無効電力 [var] = 電圧 [V] \times 電流 [A] \times 無効率$$
$$= 皮相電力 [V・A] \times 無効率$$

皮相電力と有効電力のなす角度をθとすると、力率はcosθ、無効率はsinθになるんだ

3つの電力の関係

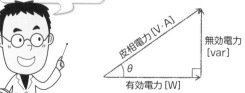

3つの電力はベクトルで表され、左図のように直角三角形の関係にあるしたがって、
$$皮相電力^2 = 有効電力^2 + 無効電力^2$$
が成り立つ

## ●光の単位(1)

### 3-26 ①波長 ②周波数 ③周期
### ①m ②Hz ③s

　光は電磁波の一種であり、波の性質を持ちます。波とは、振動が媒質を伝わっていく現象をいいます。ここではまず、波の基本要素についての単位を確認します。

　波の基本要素は、**波長**、**周波数**（振動数）、**振幅**などです。波長は波の山と山（谷と谷）の間の長さをいい、単位は**メートル**[m]です（上図）。周波数は波が1秒間に振動する回数をいい、単位は**毎秒**[$s^{-1}$]になりますが、SI単位系ではふつう**ヘルツ**[Hz]を使用します。1秒間に1回振動する波の周波数が1Hzであり、[$s^{-1}$]＝[Hz]です。[Hz]はドイツの物理学者ハインリヒ・ヘルツ(1857-94)にちなみます。ただし、Hにzが付くのはインダクタンスの単位[H]（ヘンリー）と区別するためです。なお、周波数と振動数は同じ意味ですが、一般に電磁波では周波数を使います。また、振幅は波の高さ（大きさ）を表し、単位は**メートル**[m]になります。ただし、振幅は波の谷の底から山の上までの高さではなく、基準点からの高さです。したがって、振幅は谷の底から山の上までの高さの半分になります。

　波の要素には他に**周期**があります。周期は波が1回振動するのに費やす時間をいい、単位は[s]（秒）です。周期は周波数の逆数になりますので、1÷【周波数】[$s^{-1}$]＝【周期】[s]で求められます。

### ◆光の速さは真空の誘電率と透磁率から求まる

　波が伝わる速さ[m/s]は、周波数と波長から求められます。周波数は1秒間に何個の波が生じるか、波長は1個の波の長さを表すので、両者を掛け合わせて、【波長】×【周波数】＝【波の速さ】になり、単位は、[m]×[Hz]（＝[$s^{-1}$]）＝[m/s]になります。この波の速さは、波を伝える媒質の性質によって決まります（下図）。

　ところが、光（電磁波）だけは例外で、冒頭の「振動が媒質を伝わる」という定義が当てはまりません。光は、電場が振動すると磁場をつくり、その磁場の振動が電場をつくるという連鎖が空間を伝わっていく現象です。これはもともと空間が持つ性質で、光は媒質を必要とせず真空中でも伝播します。そして、真空中を進む**電磁波の速さ**は、$1 \div \sqrt{【真空の誘電率】\times【真空の透磁率】}$で求まります。これを単位で確かめると、誘電率の単位は[$N/V^2$]、透磁率は[$N/A^2$]なので（➡p66）、上式に代入すると、電磁波の速さの単位は[m/s]となり、速度の単位に落ち着きます。

## 波の基本要素

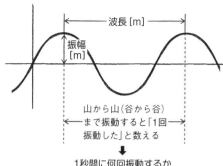

音や電磁波など、およそ波の性質を持つものはすべて波長、周波数(振動数)、振幅などの基本要素を使って表現する

1秒間に何回振動するか
=
周波数(振動数)といい、単位は[Hz](ヘルツ)=[回/s]

周期は、波が1回振動するのに費やす時間のこと

周期 = $\frac{1}{周波数(振動数)}$ なので、

単位は「回」を省略して、$\frac{1}{[s^{-1}]}$ = [s](秒)

## 電磁波の周波数と速さ

ふつう波の速さは、波長[m]×周波数(振動数)[Hz]で求められる
しかし、電磁波(光)の速さは同じ物質中ではつねに一定なので、波長がわかれば周波数(振動数)がわかり、周波数(振動数)がわかれば波長がわかる

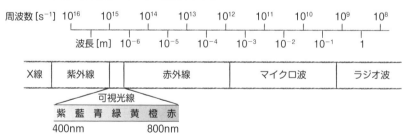

なお、真空中の光の速さは、真空の誘電率と真空の透磁率から、次式で求まる

光速 = $1 \div \sqrt{誘電率 \times 透磁率}$ 、真空の誘電率は $8.854 \times 10^{-12}$ [F/m]
真空の透磁率は $1.257 \times 10^{-6}$ [H/m]

したがって、光速 = $1 \div \sqrt{8.854 \times 1.257 \times 10^{-18}} \fallingdotseq 299{,}800{,}000$

W=J/s, J=N·m

単位は、$\frac{1}{\sqrt{[F/m] \times [H/m]}} = \frac{1}{\sqrt{\left[\frac{N}{V^2}\right] \times \left[\frac{N}{A^2}\right]}} = \frac{[V \cdot A]}{[N]} = \frac{[W]}{[N]} = \frac{[N \cdot m]}{[N] \times [s]} = [m/s]$

よって、真空中の光の速さは約29.98万km/s

## ●光の単位（2）

### 3-27 ①輝度　②照度
### ①cd/m² ②lx

　明るさを表す物理量を**光度**といい、その単位**カンデラ［cd］**はSI基本単位の1つです。カンデラは点光源から出る光の明るさを表します。同じく点光源から出る光の量を表す**光束**（単位は**ルーメン［lm］**）との間には、【光度】=【光束】÷【立体角】の関係があり、これを単位で表すと、［cd］=［lm/sr］になります。［sr］は立体角（ステラジアン）です（→p36）。つまり、光束とは単位時間あたりに点光源から出る可視光の全量を表し、光度とはその光束の単位立体角あたりの量を指します（図）。

　光源の明るさを表す物理量には、他に**輝度**があります。ただし、光度と異なるのは、光度は点光源の明るさを表すものであるのに対して、輝度は面光源の明るさを表します。たとえば、テレビ画面やディスプレイの明るさはふつう輝度で表します。輝度は、単位面積から単位立体角に放射される光束を表します。【輝度】=【光束】÷【面積】÷【立体角】になるので、輝度の単位は、［lm］÷［m²］÷［sr］=［lm/sr·m²］です。これを［cd］を用いた単位に換算すると、［lm］=［cd·sr］より、輝度の単位は、［cd·sr］÷［sr·m²］=［**cd/m²**］（**カンデラ毎平方メートル**）になります。

　ただし、代わりに非SI単位の**ニト［nt］**や**スチルブ［sb］**が使われることもあります。1cd/m²=1nt=10⁻⁴sbです。ニトとスチルブは、ギリシア語で「輝き」「輝く」を意味する「ニトール」、「スチルボー」に由来します。

### ◆照度は光を受ける側の明るさの単位

　光度や輝度が光源の明るさを示す物理量であるのに対して、光を受けるほうの明るさを示す物理量が**照度**で、単位は**ルクス［lx］**です。照度は光源から離れた位置にある面に入射する単位面積あたりの光束を示します。【照度】=【光束】÷【面積】より、照度の単位は、［lm］÷［m²］=［lm/m²］（**ルーメン毎平方メートル**）=［lx］になります。ルクスはラテン語で「光」を意味する「ルシス」に由来します。

　照度は光の受け手側の明るさなので、光源から遠くなればなるほど暗くなります。照度の大きさは、重力の大きさなどと同様、逆2乗の法則に従い、光源からの距離の2乗に反比例します。

　なお、照度についても固有の名称をあてた非SI単位の**フォト［ph］**が使われることもあります。1lx=10⁻⁴phです。

## 光の明るさを表す用語と単位

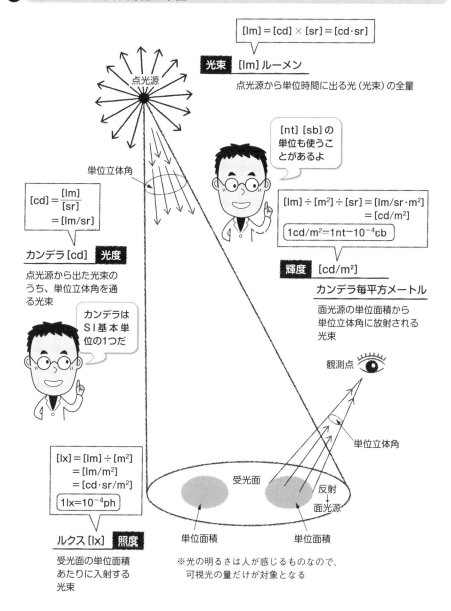

● 光の単位（3）

# 3-28　①屈折率　②屈折度
## ①無次元量　②D

　波の性質の1つに**屈折**があります。屈折とは、波が異なる媒質に斜めに進行したとき、進行方向が曲がる現象をいいます。光の波は媒質を必要としませんが、空気中から水中へ進むときなど、異なる物質の境界面で光の進行方向が曲がります。それは、物質によってその中を伝わる光の速さが異なるからです。

　物質①の中を進んできた光（入射光）と、物質②との境界面で屈折して進んだ光（屈折光）が、境界面の垂線となす角を**入射角**、**屈折角**といい、入射角と屈折角の正弦の比を、物質①に対する物質②の**相対屈折率**といいます。つまり、【sin（入射角）】÷【sin（屈折角）】=【相対屈折率】です。相対屈折率は入射角によらず一定であり、これを**スネルの法則**といいます。屈折率は同じ物理量どうしの比率ですので**無次元量**です。

　入射角と屈折角が違ってくるのは、上記のように、物質によって光が伝わる速さが異なることが原因で、速さの比が相対屈折率になります。また、光の周波数（振動数）は物質の境界面で変わらないため、【速さ】=【波長】×【周波数】より、入射光と屈折光の波長の比も屈折率に等しくなります。なお、物質①が真空の場合の屈折率を**絶対屈折率**といい、ふつう単に「屈折率」といった場合は、絶対屈折率を指します。絶対屈折率は物質固有の値です（上図）。

### ◆近視の程度

　屈折率に似た言葉に**屈折度**があります。屈折度はレンズの屈折力を表す物理量で、レンズの焦点距離の逆数で求められます。視力のよい人にはことさら馴染みがないかもしれませんが、近視の程度や眼鏡の度数を表すのに使用されます。単位は[$m^{-1}$]（毎メートル）です。ただし、通常は**ディオプトリ**（または**ディオプター**、単位記号は[D]または[Dptr]）という固有名称の非SI単位を使います（中図）。[D]には正負があり、光源と反対側に焦点がある場合は正、光源と同じ側の場合は負の値になります。近視用眼鏡には凹レンズが使われ、[D]は負になります。ディオプトリはギリシア語で「透かしてよく見える」という意の言葉に由来します。

　ちなみに、目の**視力**は**視角**の逆数で表されます（下図）。視角は物体の両端と目の中心を結んだ2直線がなす角度で、単位は度数法の「**分**」です。その逆数である視力は単に数字のみで表し、単位はとくにありません。

## 屈折率

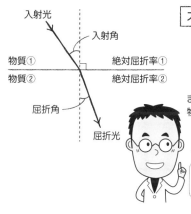

スネルの法則

$$\text{相対屈折率} = \frac{\sin(\text{入射角})}{\sin(\text{屈折角})} = \frac{\text{入射光の速さ}}{\text{屈折光の速さ}} = \frac{\text{入射光の波長}}{\text{屈折光の波長}}$$

また、物質①から物質②へ進む光の相対屈折率は、物質①②の絶対屈折率の比の逆数に等しい

$$(\text{物質①→②})\ \text{相対屈折率} = \frac{\text{物質②の絶対屈折率}}{\text{物質①の絶対屈折率}}$$

分母が入射側、分子が屈折側になっているところが、スネルの法則とは逆だね

## レンズの焦点距離と屈折度

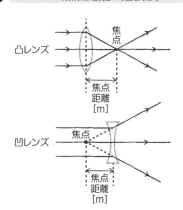

レンズの屈折度 = $\dfrac{1}{\text{焦点距離}}$ で表される

単位は、$\dfrac{1}{[m]} = [D]$(ディオプトリ)

凸レンズは遠視用や老視(老眼)用眼鏡に使われ、凹レンズは近視用眼鏡に使用される

焦点距離が短いレンズほど「度の強い」眼鏡になるよ

## 目の視力

ランドルト環:スイス生まれの眼科医エドムンド・ランドルト(1846-1926)が考案

ランドルト環のすきまを識別できるかどうかで視力を判定するんだ

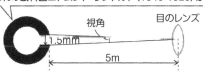

5mの距離から1.5mmのすきまを見たときの視角(分)は、半径5mの円周上における$1.5 \times 10^{-3}$mの弧の中心角に近似できるので、

$$\text{視角} = \frac{1.5 \times 10^{-3}\,[m]}{2\pi \times 5\,[m]} \times (360 \times 60) \fallingdotseq 1.0\,[\text{分}] \quad \text{視力} = \frac{1}{\text{視角}[\text{分}]} = 1.0$$

したがって、1.5mmのすきまを識別できれば、視力は1.0以上である

●光の単位(4)

# 3-29 ①光束発散度 ②透過率 ③吸光度
## ①rlx ②% ③Abs

　明るさを表す物理量に**光束発散度**というものがあります。光束発散度は面光源の単位面積から出る光束をいい、輝度とは、光束発散度＝π×輝度という関係にあります。光束発散度の単位は［lm/m²］（**ルーメン毎平方メートル**）です。これは照度の単位と同じですが、照度が光を受けた単位面積の光束の量を表し、［lx］（ルクス）を用いるのと区別して、光束発散度では**ラドルクス**［rlx］が使用されています。「ラド」は放射を意味し、量としては、1 lm/m²＝1 lx＝1 rlxです（上図）。

　ところで、物体が外部の光を受けたときの反射面や透過面は「面光源」として扱うことができます。輝度や光束発散度もこうした二次光源に適用できます。以下では、透過光に関連する単位について紹介します。

◆**物質を透過する光と吸収される光**

　物質に入射した光のうち物体を通過する割合を**透過率**（または**透過度**）といいます。具体的には、入射光束と透過光束の比が透過率です。【透過率】＝【透過光束】［lm］÷【入射光束】［lm］より、同じ物理量（光束）の比なので、透過率は**無次元量**になりますが、**パーセント**［%］で表示するのが一般的です。入射面における照度と、透過面における光束発散度との間には、【透過面の光束発散度】＝【透過率】×【入射面の照度】が成立します。なお、光が入射した面が光を反射したときの**反射率**は、【反射率】＝【反射光束】［lm］÷【入射光束】［lm］です。仮に反射率が100%だとすると、その面の照度と光束発散度は等しくなります（下図）。

　透過率の逆数の対数を取った値を**吸光度**といい、【吸光度】＝$\log_{10}$（【透過率】$^{-1}$）です。**無次元量**ですが、英語の「Absorbance」（吸光度の意）の略である［Abs］（アブス）を付けるのが一般的です。吸光度は、物質に入射した光のうち、透過しない光の割合を示します。ただし、透過しない光には物質中に吸収された光だけでなく、反射・散乱された光もあるので、吸光度にはこれらの光も含まれます。透過率が100%のとき吸光度は0 Abs、透過率が1%のとき吸光度は2 Absになります。

　光が一様な物質中を進むとき、進んだ距離（光路長）が長くなるほど吸収される量も多くなります。このとき、単位長さあたりの吸光度を**吸収係数**といい、【吸収係数】＝【吸光度】÷【光路長】より、単位は［m⁻¹］（**毎メートル**）です。

第3章 単位を読み解く

## ● 光束発散度と輝度、照度の関係

光束発散度

単位面積から出る光束
単位は、
$[rlx] = [lm/m^2]$

輝度

単位立体角
光束

単位面積から単位立体角に出る光束
光束発散度 = π × 輝度
単位は、$[cd/m^2] = \dfrac{[lm]}{[sr]\cdot[m^2]}$
　　　　　　　　　　　　　↓
　　　　　　　　　　光束発散度

照度

単位面積に入ってくる光束
単位は、$[lx] = [lm/m^2]$
↓
光束発散度と同じ

## ● 透過率と吸光度

入射光
反射光

入射面の単位面積
に入ってくる光束
＝
入射面の照度 $[lm/m^2]$

吸収

透過面の単位面積
から出る光束
↓
光束発散度 $[rlx]$ ＝透過率 × 入射面の照度 $[lm/m^2]$
＝
$[lm/m^2]$

反射光束 $[lm]$
＝入射光束 $[lm]$ × 反射率

吸光度 $[Abs] = \log_{10}\left(\dfrac{1}{透過率}\right)$
　　　　　＝ $-\log(透過率)$

透過光束 $[lm]$
＝入射光束 $[lm]$ × 透過率

透過光

● 透過率から吸光度を求める

透過率が1（100%）のとき、吸光度＝$-\log 1 = 0$ $[Abs]$
透過率が0.01（1%）のとき、吸光度＝$-\log 10^{-2} = 2$ $[Abs]$

入射した光のうち、吸収されたり、反射したりして透過しない光束の割合を吸光度というんだ

● 光の単位 (5)

## 3-30　①透明度　②透視度　③濁度
①m　②度　③度

　透明度、透視度、濁度は、人間が目で水質を判定する環境計測用語であり、示される値は物理量ではなく、指標です（ただし、濁度には各種計測装置もあります）。「光」と「視界」に間接的に関係しますので、紹介しましょう。

　**透明度**は、湖沼や海などの水の清濁を示す指標です。**セッキー円盤**（または**セッキ板**、**透明度板**など）と呼ばれる白い円盤を水中に沈めていき、水面上から肉眼で識別できる限界の水深をはかります。単位は［m］（メートル）で表示します。セッキー円盤は元々イエズス会士で科学者でもあったイタリア出身のアンジェロ・セッキ（1818-78）が、水の透明度をはかるために開発したもので、当初は直径30cmのただの白い円盤でした。しかし、現在は白と黒に塗り分けられたものがあったり、直径が20cmや25cmのタイプもあるなど、規格が統一されていません（上図）。

　**透視度**は、河川や排水、下水などの濁った水を対象にしているところが「透明度」と異なります。計測方法も自然の中ではせず、試料水を採取して透視度計を用いて目測で清濁をはかります。透視度計は高さが30～100cmの筒状の透明な容器で、下部に水の排出口が付いています。また、底には二重線で書かれた十字（二重十字）マークが描かれた標識板を置きます。この透視度計に試料水を満たし、上から観察しながら水を徐々に排出し、標識板が識別可能になったときの水深をはかります。単位は10mmを1度として［度］で表しますが、［cm］で表示することもあります（中図）。

　なお、「透視度」はスキューバダイビングの世界では、異なった概念で使われています。透明度が深さ（垂直）方向の視界距離を表すのに対して、透視度は水平方向の視界距離［m］を表します。ただし、この区別も厳密ではなく、どちらの方向に対しても「透明度」が使われたりします。

　**濁度**は、その名のとおり、汚れ度合を示す指標で、標準液と試料水を比較することで決定します。標準液は純粋な水（精製水）にホルマジン（高分子の一種）やカオリン（粘土の一種）などの、水に溶けない標準物質を混濁させたものです。水1Lに1mgの標準物質を含んでいるときの濁度（1mg/L）を1［度］（または**ppm**）とします（下図）。試料水を目視で標準液と比較して、濁度を決定します。しかし、光を利用して自動で濁度をはかる計測装置もいろいろと開発されています。

## 第3章 単位を読み解く

## ● 透明度の計測

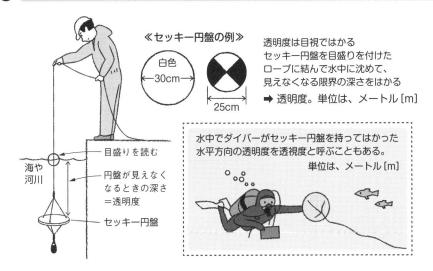

≪セッキー円盤の例≫
白色 30cm
25cm

透明度は目視ではかる
セッキー円盤を目盛りを付けた
ロープに結んで水中に沈めて、
見えなくなる限界の深さをはかる
→ 透明度。単位は、メートル [m]

水中でダイバーがセッキー円盤を持ってはかった
水平方向の透明度を透視度と呼ぶこともある。
単位は、メートル [m]

## ● 透視度の計測

容器に濁った試料水をとり、容器の底に敷いた
標識板のマークが識別できる限界の深さをはかる
→ 透視度。単位は [度] で、10mm＝1度

二重十字が識別
できる限界の深さ
＝透視度

## ● 濁度の計測

水に溶けない標準物質を混ぜた標準液と、
試料水を目視で比較して、試料水の濁度を決める
→ 単位は [度] で、1Lの水に1mgの標準物質
を混ぜた標準液は、1mg/L＝1度
※ 濁度の自動計測装置もある

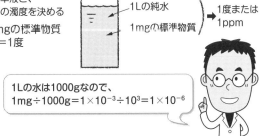

1Lの純水
1mgの標準物質
1度または
1ppm

1Lの水は1000gなので、
$1mg \div 1000g = 1 \times 10^{-3} \div 10^{3} = 1 \times 10^{-6}$

●音の単位(1)

## 3-31 ①音圧 ②音圧レベル
### ①Pa ②dB

　音は、光と同様に波が伝わる現象です。しかし、音は光と違い、媒質の振動によって伝わる通常の波動であり、真空中では伝わりません。また、光は振動が進行方向と直角である**横波**であるのに対して、気体中や液体中を伝わる音は基本的に**縦波**です。縦波とは、媒質の振動が進行方向と平行な波をいい、媒質中に密度が小さい部分（疎）と大きい部分（密）ができて、それが伝わるため**疎密波**とも呼ばれます（上図）。このような音の、大きさ、高さ、音色を**音の三要素**といいます。音の高さは波の周波数（振動数）に、音色は波形に依存します。では、音の大きさは……。

◆**音圧と音圧レベルの違い**

　音の大きさと関係が深いのは、**音圧**という物理量です。音圧は文字どおり音による圧力です。空気中を伝わる音に関していえば、空気には大気圧がかかっていますが、音圧は音波によって変動する大気圧の変動です。圧力なので、単位は**パスカル**［Pa］です。しかし、音圧がただちに「音の大きさ」になるわけではありません。音圧が2倍になっても人間には2倍の大きさの音には聞こえず、2倍より小さく聞こえます。じつは、人間の感覚量は刺激の強さに比例するのではなく、その対数に比例することが確かめられており、これを**ウェーバー・フェヒナーの法則**といいます。「ウェーバー」はドイツの生理学者エルンスト・ヴェーバー（1795-1878）、「フェヒナー」はドイツの物理学者で実験心理学者でもあったグスタフ・フェヒナー（1801-87）を指します。また、人間が聞きとれる最小音圧は$20\,\mu\mathrm{Pa}$（$2\times10^{-5}\mathrm{Pa}$）、聴覚が傷害されない限界の最大音圧は$200\,\mathrm{Pa}$といわれており、人間が認識できる音圧は非常に広範囲です。このような場合、対数表示は好都合といえます（中図）。

　そこで、音圧と基準音圧の比の対数をとったものを**音圧レベル**といいます。【音圧レベル】$=10\times\log_{10}$（【音圧】/【基準音圧】）$^2$。基準音圧は人間が聞きとれる最小音圧の$20\,\mu\mathrm{Pa}$、音圧レベルの単位は**デシベル**［dB］です（下図）。「B」は電話の発明者アレクサンダー・グラハム・ベル（1847-1922）にちなみ、「d」は10分の1を表す接頭語の「デシ」です。音圧レベルは本来無次元量ですが、［dB］はSI単位系でも使用が認められています。なお、基準値との比の常用対数をとった量を「××レベル」と表現し、音圧レベルに限らず、単位は［dB］になります。

第3章 単位を読み解く

## ○ 音は疎密波

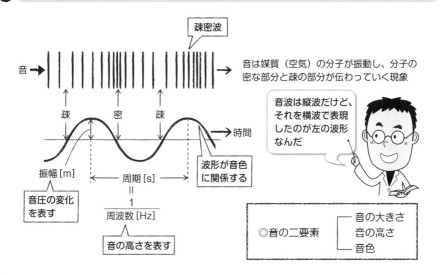

## ○ 人間に聞こえる音

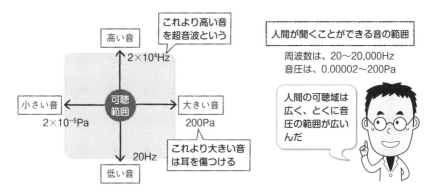

## ○ 音圧→音圧レベルの換算

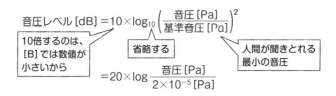

たとえば、音圧が0.2Paの場合の音圧レベルは、

音圧レベル $= 20 \times \log \dfrac{2 \times 10^{-1}}{2 \times 10^{-5}} = 20 \times \log 10^4 = 80$ [dB]

## 3-32 ①A特性音圧レベル(騒音レベル) ②音の大きさレベル
## ①dB(A) ②phon

　道路や鉄道、工事現場などの騒音の大きさを正しく把握することは、環境評価の面で非常に重要です。しかし、騒音がどれくらい「やかましい」かは、音圧レベルという物理量を測定しただけでは不十分です。なぜなら、人間の聴覚は同じ音圧でも低い音は小さく聞こえるという特性があるからです。つまり、騒音の大きさは物理量ではなく、周波数に影響を受ける感覚量なのです。

　音の周波数ごとに聴感覚に合わせて施される補正を**A特性補正**といい、音圧レベルにA特性補正を施した値を**A特性音圧レベル**といいます。具体的には、1kHzの純音※の大きさを基準にして、他の周波数でも同じ大きさに聞こえるように、周波数ごとに補正値を加えます（上図）。A特性音圧レベルは、以前は「騒音レベル」と呼ばれ、単位にデシベル［dB］と同じ量を表す「ホン」が使われていました。しかし、ホンは、次に示す音圧レベルの「フォン」と混同しやすいこともあり、すでに使用されていません。また、騒音レベルという言葉も現在はA特性音圧レベルに統一され、単位には「dB」が使用されています。ただし、通常の音圧レベルと区別するために、［dB(A)］または［d(A)］（デシベルエー）を使うこともあります。

◆音の大きさ、または「ラウドネス」

　ある音の周波数を下げて音を低くした場合、人間には音が小さくなったように聞こえるので、同じ大きさの音として聞こえるようにするには音圧レベルを上げる必要があります。このとき、元々音圧レベルが大きな音であれば少しの増加で済むのに対して、音圧レベルが小さな音はかなりそのレベルを上げなければ同じ大きさの音に聞こえません。つまり、人間の聴感覚は音の高さ（周波数）だけでなく、音の大小（音圧レベル）にも影響を受けるのです。

　このような聴感覚の特性を広く考慮した補正をして、ようやく**音の大きさ（ラウドネス）**が求められます。ラウドネスの単位は**sone**（ソーン）で、1kHzで音圧レベルが40dBの純音の大きさを1ソーンとしています。そして、**ラウドネスレベル（音の大きさレベル）**は1kHz、40dBの純音の大きさを基準として、40**フォン**［phon］と定義しています（下図）。ラウドネスとラウドネスレベルの関係は、$\log_{10}$（【ラウドネス】）＝0.03×（【ラウドネスレベル】−40）です。

※　純音：正弦波からなる単一の周波数を持つ音

第3章 単位を読み解く

## ◯ A特性補正曲線

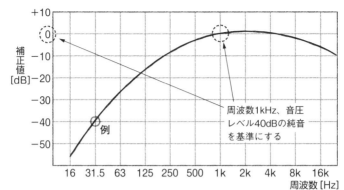

例 周波数31.5Hzの純音の補正値は約−40dBなので、騒音の大きさが50dBのときのA特性音圧レベルは、50−40＝10［dB］、騒音が100dBのときは、100−40＝60［dB］になる

騒音にはさまざまな波長の音が含まれていて、周波数ごとに補正した数値を騒音レベルとするんだね

## ◯ 純音の等ラウドネスレベル曲線

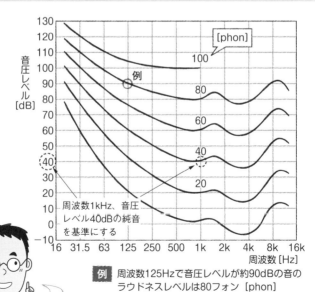

例 周波数125Hzで音圧レベルが約90dBの音のラウドネスレベルは80フォン［phon］

同じ曲線上にある音は、すべて同じラウドネスレベルになるんだ

### ●音の単位(3)

## 3-33 ①音の強さ ②音響パワー
①W/m² ②W

　音の大きさは人間の聴覚の特性が深く関係する感覚量ですが、ここで紹介する**音の強さは物理量**です。音の強さは**音響インテンシティ**とも呼ばれ、単位面積を単位時間に通過する音響エネルギー（音のエネルギー量）のことをいいます。「intensity」とは「激しさ」や「強さ」を意味します。

　音の強さは音圧の2乗に比例し、【音の強さ】＝【音圧】²÷（【空気の密度】×【空気中の音速】）で求められます。単位は［W/m²］（ワット毎平方メートル）です（上図）。この音の強さの式を、電力の式と対比させると、【電力】＝【電流】×【電圧】＝【電圧】²÷【電気抵抗】と表されるので、【空気の密度】×【空気中の音速】は電気回路における電気抵抗にあたります。そのため、これを（空気の）**固有音響抵抗**と呼びます。固有音響抵抗は振動のしにくさの程度を表し、単位は［Pa·s/m］です。

　なお、0℃1気圧の条件下で、空気の密度は$1.29\,\text{kg/m}^3$、音速は331.5 m/sですので、音圧が2 Paの音の強さは、音の強さ＝$2^2÷(1.29×331.5)≒0.009\,[\text{W/m}^2]$になります。2 Paの音の音圧レベルは、$20×\log_{10}(10^5)=100\,[\text{dB}]$で、かなり大きな音といえますが、その音のパワーは面積1 m²あたり0.009 Wしかないわけです。一般に音は非常に小さなエネルギー現象といえます。

### ◆音響パワーは音源の物理量

　**音響パワー**は、単位時間に音源から放射される**音響エネルギー**（音のエネルギー）をいいます。「パワー」は単位時間あたりのエネルギー量を表します。音の強さがある地点の単位面積を単位時間に通過する音響エネルギーを表すのに対して、音響パワーは音源から単位時間に出る全音響インテンシティを表します。逆にいえば、音響インテンシティ（音の強さ）は「単位面積あたりの音響パワー」となります（下図）。音響パワーは音源の物理量なので、計測位置とは関係しない普遍量であり、音響インテンシティを音源を囲む球表面で面積分した値になります。

　音響パワーは音響インテンシティに面積を掛けて求まるので、音響パワーの単位は、$[\text{W/m}^2]×[\text{m}^2]=[\text{W}]$（ワット）になります。また、音響パワーが単位時間あたりのエネルギーであることから、音響パワーの単位が、$[\text{J}]÷[\text{s}]=[\text{J/s}]=[\text{W}]$であることが確かめられます。

第3章 単位を読み解く

## 🔵 音の強さの単位の求め方

空気中の音の強さ（音響インテンシティ）は、次式で求められる

　音の強さ＝音圧²÷（空気の密度×空気中の音速）

これを単位の式で表すと、

　音の強さの単位　＝ [Pa²] ÷ ( [kg/m³] × [m/s] )

$$= [Pa^2] \times \frac{[m^3 \cdot s]}{[kg \cdot m]}$$

ここで [Pa] = [N/m²] を代入して整理すると、

$$= \frac{[N^2]}{[m^4]} \times \frac{[m^2 \cdot s]}{[kg]}$$

$$= \frac{[N^2 \cdot s]}{[kg \cdot m^2]}$$

> 圧力 [Pa] （パスカル）
> ＝力 [N] ÷面積 [m²]
> ＝ [N/m²]

さらに [N] = [kg·m/s²] を、1つのNだけに代入して整理すると、

$$= \frac{[kg \cdot m]}{[s^2]} \times \frac{[N \cdot s]}{[kg \cdot m^2]}$$

$$= \frac{[N]}{[m \cdot s]}$$

$$= \frac{[W \cdot s]}{[m]} \times \frac{1}{[m \cdot s]} = [W/m^2]$$

> 力 [N] （ニュートン）
> ＝質量 [kg] ×加速度 [m/s²]
> ＝ [kg·m/s²]

> [N·m] = [J] （ジュール）
> $\frac{[J]}{[s]}$ = [W] （ワット）

## 🔵 音響インテンシティと音響パワー

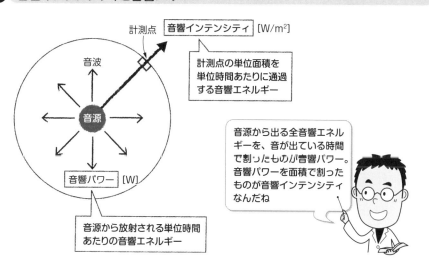

## ●音の単位（4）

# 3-34 ①音の高さ　②音程
### ①mel　　②cent

　音の大きさを表す量に、物理量である音圧［Pa］と感覚量であるラウドネス［sone］があるように、音の高さにも物理量と感覚量があります。**音の高さを表す物理量は周波数（振動数）のヘルツ［Hz］**です。周波数の低い音は低く、周波数の高い音は高く聞こえます。人間はおよそ20Hzから20,000（20k）Hzまでの広い範囲の音を聞くことができます。しかし、音の周波数を2倍にしても、人間の耳には音の高さは2倍より低く聞こえます。人間が感じる音の高さには、他にも音圧レベルや音の継続時間などさまざまな要因が影響を与えるため、周波数をそのまま聞こえる音の高さと直結させるわけにはいきません。

　それに対して、人間の感覚的な音の高さを表したものを**ピッチ**といいます。ピッチには複数の尺度がありますが、最も多く使われているのが**メル尺度**です。メル尺度は、周波数1,000Hz（1kHz）で音圧レベルが40dBの純音を基準の音として、これを1,000**メル**［mel］とします。ただし、周波数が2倍の2,000Hzになっても、ピッチは2,000melになりません。2,000melは1,000melの2倍のピッチですが、それを周波数で表すと約3,500Hzになります。上図にヘルツとメルの対応グラフを掲載しました。なお、「メル」は「メロディ」に由来します。

### ◆1オクターブ＝1,200セントで周波数が2倍

　「ドレミファソラシド」の音を楽器で鳴らすと、順番に音が高くなっていきます。音と音との高さの差を**音程**といい、単位は**度**です。ただし、同じ音程を1度とするので、ドとレ、レとミなど隣り合う音との差は1度ではなく2度、ドとミやレとファでは3度となります。したがって、ドと次のドとの差は8度となり、これを**1オクターブ**といいます。1オクターブで周波数が2倍になります。

　ここでピアノの鍵盤を例にとると、ミとファ、シとドの間には黒鍵がありません（下図）。じつは白鍵と黒鍵の間の差は半音、黒鍵をはさまない白鍵と白鍵の間も半音、黒鍵をはさんだ白鍵と白鍵の間は全音になるので、1オクターブは半音が12並んでいることになります。この半音を100段階に分けた音程を**セント**［cent］といい（12平均律の場合）、1オクターブは1,200centになります。1セントは非常に微小な差ですが、ピアノの調律師は1セント以下も聞き分けられるといいます。

※　12平均律：複数ある音律の1つ。ピアノはほとんどの場合12平均律で調律される

第3章 単位を読み解く

## 周波数[Hz]とピッチ[mel]の関係

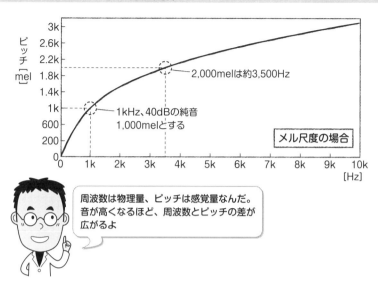

## オクターブとセント[cent]

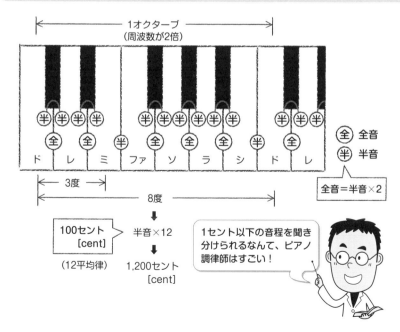

## ●熱工学の単位（1）

**3-35**

① 熱量　② 熱容量　③ 比熱
① J　② J/K　③ J/(g·K)

　熱は温度の高いところから低いところへ移動し、物体間を伝わっていきます。そうした熱エネルギーの移動量を**熱量**といい、単位には**ジュール**［J］を用います。以前はカロリー［cal］が使われていましたが、SI単位系では力学で仕事やエネルギーを表すのと同じ［J］が推奨され、多くの分野で［cal］が［J］に置き換わりました。ただし、栄養学の分野や食品の熱量表示では、今も慣習的に［cal］が使われており、長年慣れ親しんだ単位を変えることの難しさを示しています。［cal］と［J］の換算は、1cal≒4.2J（1J≒0.24cal）になります。

　物体に熱を与えたとき、温度が1Kだけ上昇した場合、与えた熱量の大きさを**熱容量**といいます。熱容量は、物体に加えた熱量を上昇した温度で割って求められますので、【熱容量】＝【熱量】÷【上昇温度】より、熱容量の単位は、［J］÷［K］＝［J/K］（ジュール毎ケルビン）になります。同じ物質なら質量が大きいほど、温度を1K上昇させるのに多くの熱を必要としますので、熱容量も大きくなります（上図）。

　なお、熱容量と似た言葉に熱当量がありますが、正しくは**仕事の熱当量**といいます。これは単位仕事と等価な熱量を表し、上記の1J≒0.24calのことを指します。また、**熱の仕事当量**という言葉もあり、こちらは仕事の熱当量と逆で、単位熱量と等価な仕事を表し、1cal≒4.2Jのことをいいます。どちらも、力学的仕事と熱が変換可能なエネルギーであることを表現しています（下図）。

### ◆熱力学でよく使われるモル比熱

　単位質量あたりの熱容量を**比熱**、または**比熱容量**といい、物質1kgの温度を1K上昇させるのに必要な熱量を意味します。比熱は、熱容量を物質の質量で割って求められますので、比熱の単位は、［J/K］÷［kg］＝［J/(kg·K)］（ジュール毎キログラム毎ケルビン）です。ただし、［kg］では数値が大きくなるので、［J/(g·K)］（ジュール毎グラム毎ケルビン）がよく用いられます。比熱は物質に固有の値です。

　熱力学や熱化学の分野では、質量の代わりに物質量モル［mol］を用いた**モル熱容量**（または**モル比熱**）がよく登場します。「熱容量」なのか、「比熱」なのか、迷いそうな用語ですが、物質1モルあたりの熱容量のことなので、比熱の一種です。単位は［J/(mol·K)］（ジュール毎モル毎ケルビン）です。

第3章 単位を読み解く

## ○ 熱量・熱容量・比熱の関係

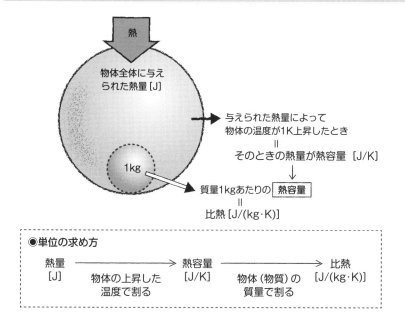

## ○ ジュールの実験におけるエネルギーの変換

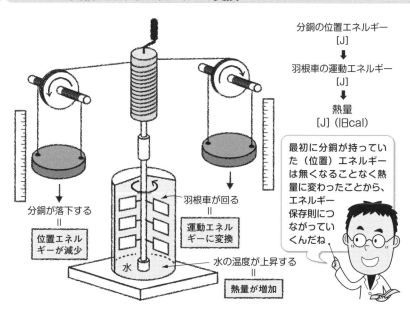

●熱工学の単位(2)

## 3-36　①熱流束　②熱伝導率
①W/m²　②W/(m・K)

　熱工学は、**熱力学**と**伝熱工学**に大別されます。熱力学は熱エネルギーの変化過程を扱い、伝熱工学は熱エネルギーの移動を扱います。熱容量や熱の仕事当量などは熱力学の範疇に入りますが、**熱流束**や**熱伝導率**は主として伝熱工学の問題です。

　熱流束とは、単位時間に、単位面積を通過する熱量をいいます。【熱流束】＝【熱量】÷【面積】÷【時間】より、熱流束の単位は、[J]÷[m²]÷[s]＝[J/s]÷[m²]＝[W/m²]（ワット毎平方メートル）です。しかし、厳密にいえば、**流束**の定義は「単位時間あたりに通過する物理量」なので、それを面積で割った量は**流束密度**になります。したがって、熱流束 [W/m²] は正しくは**熱流束密度**です。しかし、一般に「流束密度」を単に「流束」と呼び、熱流束の単位に [W/m²] が使われることが多いので、ここでも熱流束を熱流束密度の意味で使います（上図）。

◆**熱伝導率は物質に固有の値**

　熱エネルギーの伝わり方には**熱伝導**、**対流伝熱**、**熱放射**の3パターンがあります。熱伝導は高温部から低温部へ物体中（または物体間）を熱が伝わる現象、対流伝熱は流体（空気や水など）の流れによって熱が伝わる現象、熱放射は熱が電磁波で運ばれる現象をいいます。対流伝熱の場合だけ原子・分子の移動が伴います（中図）。

　さて、熱伝導の場合、熱の伝わりやすさは物質によって異なり、その程度を**熱伝導率**で表します。熱伝導率は同一物体内を熱が伝わるときの伝わりやすさを表し、物質に固有の値です。【熱流束】＝－【熱伝導率】×【温度勾配】の関係があり、これを**フーリエの法則**といいます。右辺にマイナス記号が付くのは、熱流束がベクトル量（向きを持つ）であり、熱が高温部から低温部へ流れるために温度勾配がマイナスになるので、それをプラスに変えるためです。「フーリエ」は、フランスの数学者で物理学者でもあったジョゼフ・フーリエ(1768-1830)を指します。上式より、【熱伝導率】＝－【熱流束】÷【温度勾配】なので、熱伝導率の単位は、[W/m²]÷[K/m]＝[W/(m・K)]（ワット毎メートル毎ケルビン）になります（下図）。

　なお、熱伝導率によく似た言葉に**熱伝達率**があります。熱伝達率は、固体と液体間や固体と気体間などにおける熱の伝わりやすさを表す値で、単位は [W/(m²・K)]（ワット毎平方メートル毎ケルビン）です。

第3章 単位を読み解く

## ○ 熱量と熱流束

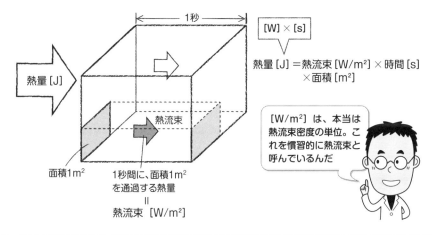

熱量 [J] ＝熱流束 [W/m²] × 時間 [s] × 面積 [m²]

[W] × [s]

[W/m²] は、本当は熱流束密度の単位。これを慣習的に熱流束と呼んでいるんだ

## ○ 熱の伝わり方

熱の伝わり方は3パターン
①熱伝導………床の熱が直接人体に伝わる
②対流伝熱……暖められた空気が熱を運ぶ
③熱放射………電磁波(赤外線)が熱を伝える

## ○ 熱伝導率の違い

プラスチック(ポリスチレン)の熱伝導率は常温で約0.1W/(m·K)

アルミニウムの熱伝導率は常温で約204W/(m·K)

金属は熱伝導率が非常に大きいので、アイスクリームのスプーンに使うと、体温がスプーンに伝わって温まり、アイスクリームがとけて食べやすいんだね

● 熱工学の単位（3）

## 3-37　①エントロピー　②エンタルピー
### ①J/K　　②J

　熱力学には基礎となる3つの法則があります。第1法則はいわゆるエネルギー保存の法則で、第2法則は低温の物体から高温の物体へ熱が自然に流れることはないということ、第3法則は絶対温度で系の**エントロピー**は0に近づく、というものです。各法則はそれぞれ別の表現も可能で、たとえば第2法則は「孤立した系では不可逆変化によってエントロピーが増大する」と言い換えることができ、これを**エントロピー増大の原理**といいます。なお、孤立した系とは、外部と熱や仕事のやりとりがない系をいいます。

　エントロピーは、「en」（～の中）と「trope」（変化）というギリシア語が語源の言葉で、「系の乱雑さ」を表すと説明されます。エントロピーが増大する身近な例では、たとえば容器に入れた水に水性インクをたらすと、最初はインクが寄り集まっていますが、そのうち水全体に広がり、色水になります。これは不可逆変化で、インクが拡散して乱雑になった➡「エントロピーが増大した」といえます（上図）。

　エントロピーの変化量は、加えた熱量を温度で割って求められます。【熱量】÷【温度】より、エントロピーの単位は、[J]÷[K]＝[J/K]（**ジュール毎ケルビン**）になります。これは、温度1Kの系に1Jの熱量を与えたとき、エントロピーの変化量が1J/Kになることを意味しています。

### ◆エンタルピーとエントロピーの関係

　エントロピーに似た言葉に**エンタルピー**があります。「en」と「thalp」（熱）というギリシア語が語源です。エンタルピーを式で表すと、【エンタルピー】＝【内部エネルギー】＋（【圧力】×【容積】）になります。定圧下では、【圧力】[N/m²]×【容積】[m³]＝【仕事】[J] になるので、定圧下で系に熱を加えた場合、その一部が仕事に使われ、残りは内部エネルギーになります。その両方を合わせたものがエンタルピーで、単位は仕事やエネルギーと同じ**ジュール**[J]になります（下図）。

　エンタルピーとエントロピーは単位も異なるまったく別の物理量ですが、【エンタルピーの変化量】＝【温度】×【エントロピーの変化量】−【自由エネルギーの変化量】の関係にあります。**自由エネルギー**とは、仕事として取り出すことが可能な内部エネルギーをいいます。

## エントロピーの増大

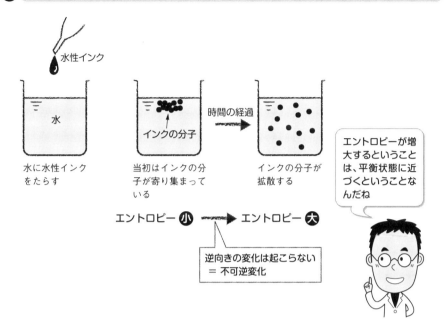

## エンタルピーはエネルギー

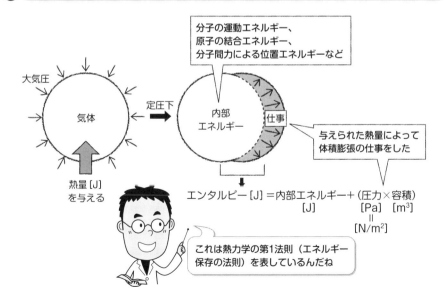

## ●硬さの単位

**3-38** ①硬さ ②モース硬度
①kgf/mm² ②指標

　物体（物質）の硬さを調べる試験方法には、大きく分けて3種類あります。圧子と呼ばれる（試料より）硬い小球や小片を試料にゆっくり押し込む「静的硬さ試験法」と、圧子を試料にぶつけて跳ね返りを見る「動的硬さ試験法」、試料をひっかいて傷を見る「ひっかき硬さ試験法」です。これらのうち、ビッカース硬さ試験など6種の試験方法がJIS（日本工業規格）で採用されています（上図）。

　**硬さ**の単位は本来、応力と同じ**パスカル**［Pa］（＝［N/m²］）です。これは、試料に加えた荷重を、荷重によってできたくぼみの表面積で割った値を表します。ビッカース硬さ試験で使われているのはこの方法です。ただし、実際には荷重の単位は［N］ではなく［kgf］を用います。1N＝0.102kgfです。

　ビッカース硬さ試験の場合、正四角錐のダイヤモンドでできた圧子を試料に押し込み、そのときの力（試験荷重とする）をくぼんだ表面積で割って、ビッカース硬さを求めます。ここで、試験荷重［N］でできたくぼみの表面積を［mm²］で表し、【ビッカース硬さ】＝0.102×【試験荷重】［N］÷【くぼみの表面積】［mm²］になり、ビッカース硬さの単位は［**kgf/mm²**］（**キログラム重毎平方ミリメートル**）になります。しかし、じつは硬さの数値にこの単位を付けることはなく、代わりに試験方法と、用いた試験荷重を［kg］の値で表示します。たとえば、試験荷重500gで硬さ200 kgf/mm²の結果を得たとすると、ビッカース硬さを**200HV0.5**と表記します。「H」は「Hardness」（硬さ）、「V」は「Vickers」（ビッカース）を意味します（中図）。

◆**モース硬度は物理量ではなく、単なる序数**

　モース硬度は、鉱物の硬さに対する尺度で、「ひっかき硬さ試験法」で調べます。硬さの異なる10種類の鉱物を標準鉱物として柔らかいものから順番に並べて1から10までの数字を付けます。10は最も硬いダイヤモンドです。そして、試料を標準鉱物とこすり合わせてひっかき傷がついた試料は、つけた標準鉱物より柔らかいと判断し、この手順を繰り返して試料の硬度を決定します。もともと標準鉱物に振り付けられた数に物理的な意味はなく、単に柔らかいものから順に並べただけの指標（序数）に過ぎません（下表）。なお、「モース」はドイツの地質学者フリードリッヒ・モース（1773-1839）にちなみます。

## ● いろいろな硬さ試験法

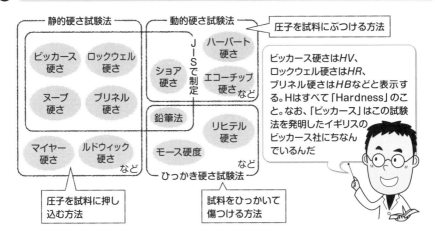

## ● ビッカース硬さ試験とは

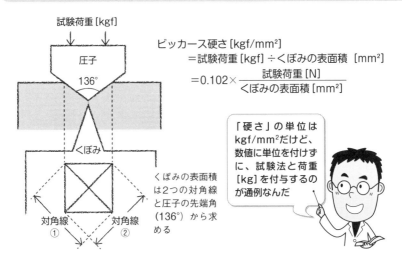

ビッカース硬さ $[kgf/mm^2]$
= 試験荷重 $[kgf]$ ÷ くぼみの表面積 $[mm^2]$
= $0.102 \times \dfrac{\text{試験荷重 [N]}}{\text{くぼみの表面積 }[mm^2]}$

## ● 標準鉱物と主な鉱物のモース硬度

| モース硬度 | 1 | 2 | 3 | 4 | 5 | 6 | 7 | 8 | 9 | 10 |
|---|---|---|---|---|---|---|---|---|---|---|
| 標準鉱物 | 滑石 | 石膏 | 方解石 | 螢石 | 燐灰石 | 正長石 | 石英 | トパーズ | 鋼玉 | ダイヤモンド |
| HV | 50 | 60 | 140 | 200 | 650 | 700 | 1,100 | 1,650 | 2,100 | 7,000 |

→ビッカース硬さと比較

- 金 2.5 (↓3)
- プラチナ 4
- オパール 5.5〜6.5
- エメラルド 7.5〜8
- サファイア ルビー 9
- 単なる序数

● 粘りけの単位

## 3-39 ①粘度 ②動粘度
### ①Pa·s ②m²/s

　粘りけを物理学的にいうと**粘性**です。粘性は大なり小なりあらゆる流体が持っている性質です。たとえば、水と油とハチミツを別々の容器に入れてスプーンでかき回すとします。このとき、力がいちばんいらないのは水で、かき回すのに最も大きな力が必要なのがハチミツです。これはハチミツ＞油＞水の順に粘りけが強いからで、この粘性の強さを表す物理量を**粘度**といい、粘度は**粘性係数**とも呼ばれます。

　粘度がどういうものかを説明するのに、流体力学では2枚の板の間に流体をはさんだ状態をよく例示します。これをトランプをきれいに重ねたような層状の構造とし、上端と下端のカードを板とします。そして、上端のカードに水平に力を加えてある速度で動かすと、カードの山が斜めに傾きます。このとき、カードがずれる速度とカードの山の高さの比を**剪断速度**といい、【剪断速度】=【ずれ速度】÷【高さ】で表されます。また、剪断速度は上端のカードに加えた単位面積あたりの力によって生じ、これを**剪断応力**と呼びます。【剪断応力】=【力】÷【表面積】です。この剪断応力によって剪断速度が生じるので、この関係を、【剪断応力】= 係数×【剪断速度】と表すことができます。この係数が粘性係数（=粘度）です（上図）。

　以上より、【剪断応力】=【粘度】×【剪断速度】となり、【粘度】=【剪断応力】÷（【ずれ速度】÷【高さ】）を得ます。したがって、粘度（=粘性係数）の単位は、[N/m²]÷([m/s]÷[m])＝[Pa·s]（**パスカル秒**）になります。以前は、粘度の単位を**ポアズ**（P）とし、1Pa·s＝10P＝1000cP（センチポアズ）としていましたが、SI単位系では[Pa·s]に統一されています（下図）。「ポアズ」はフランスの医師で物理学者でもあったジャン・ポアズイユ（1797-1869）にちなみます。

### ◆動粘度は粘度を密度で割った量

　粘度は流体の流れにくさに関係しますが、流体の密度もその流れに影響します。なぜなら、同じ粘度でも軽い流体ほど流れにくく、重い流体ほど粘度の影響を受けにくいからです。流れにくさに対する重さの影響度合を表した物理量を**動粘度**（=**動粘性係数**）といい、粘度を流体の密度で割って求められます。【動粘度】=【粘度】÷【密度】より、動粘度の単位は、[Pa·s]÷[kg/m³]＝[m²/s]（**平方メートル毎秒**）になります。密度が1kg/m³で、粘度が1Pa·sの流体の動粘度が1m²/sです（下図）。

第3章 単位を読み解く

## ○ 粘度とは

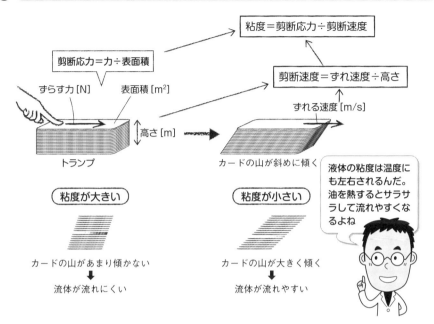

## ○ 粘度と動粘度の単位の求め方

●粘度＝剪断応力÷剪断速度＝（力÷表面積）÷（ずれ速度÷高さ）

よって、粘度の単位は、$[N/m^2] \div ([m/s] \div [m])$

$$= \frac{[N] \times [s] \times [m]}{[m^2] \times [m]} = \frac{[N] \times [s]}{[m^2]} = [N/m^2] \times [s]$$
$$= [Pa \cdot s]$$

●動粘度＝粘度÷密度

よって、動粘度の単位は、$[Pa \cdot s] \div [kg/m^3] = \dfrac{[N/m^2] \times [s] \times [m^3]}{[kg]}$

$$= \frac{[kg \cdot m/s^2] \times [s] \times [m^0]}{[m^2] \times [kg]}$$
$$= \frac{[kg] \times [s] \times [m^4]}{[kg] \times [s^2] \times [m^2]}$$
$$= \frac{[m^2]}{[s]} = [m^2/s]$$

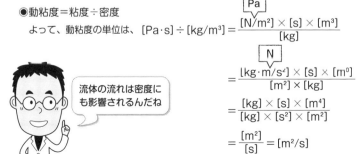

流体の流れは密度にも影響されるんだね

## ●放射能と放射線の単位(1)

# 3-40  ①放射能　②照射線量
### ①Bq　　②C/kg

　一般に、放射能と放射線という言葉はあまり区別されずに使われますが、正しくいうと、**放射線を出す能力**のことを**放射能**といいます。この放射能という言葉を最初に使ったのは、キュリー夫人こと、ポーランドの物理学者マリー・キュリー（1867-1934）です。彼女は同時に、放射能を持つ物質から出ている線を放射線と名づけました。「線」とは光や粒子の流れです。以前は、放射能の単位に**キュリー[Ci]**が使われていましたが、現在のSI単位系では**ベクレル[Bq]**が採用されています。「ベクレル」とは、フランスの物理学者・科学者のアンリ・ベクレル（1852-1908）を指します。なお、放射線を出す物質を**放射性物質**、または**放射線源**といいます（上図）。

　さて、放射能が「放射線を出す能力」であれば、それは概念を表しているに過ぎず、物質量ではありません。しかし、放射線は原子核の壊変で出てきますので、単位時間あたりに壊変する原子核（原子）の数に焦点を当て、これに振り付けた単位が[Bq]です。1秒間に1個の原子核が壊変する放射能が1Bqです。[Bq]は単独ではなく、単位体積あたり、または単位質量あたりの放射能の強さとして、[Bq/L]（ベクレル毎リットル）や[Bq/kg]（ベクレル毎キログラム）などがよく使われます。

　かつての単位キュリー[Ci]とは、1Bq=27.03pCi、または、1Ci=37GBqという関係にあります。「p」は「pico」のイニシャルで、1兆分の1を表す接頭語、「G」は10億倍を表す「giga」（ギガ）のイニシャルです。

### ◆照射線量はX線とγ線の量を表す

　そもそも放射線とはどのような線かというと、電離作用を持つことが最大の特徴です。電離作用とは、原子や分子から電子をはぎ取ることをいい、はぎ取られた原子・分子は正イオンとなり、電子は自由電子となって飛び去ります。電離作用を持たない線は、放射線とはいいません。この電離作用に焦点を当て、光子（電磁波のX線とγ線）によって、単位質量あたりの空気中に生成される正負の電荷量を**照射線量**といいます。これはつまりX線とγ線の量を表しますが、単位は[C/kg]（クーロン毎キログラム）です。以前はこの単位に**レントゲン[R]**が用いられ、$1R=2.58\times10^{-4}$C/kgでした。「レントゲン」は、世界で初めて放射線（X線）を発見したドイツの物理学者ヴィルヘルム・レントゲン（1845-1923）にちなみます（中図、下図）。

第3章 単位を読み解く

## 光源と放射線源の対比

## 放射線の電離作用

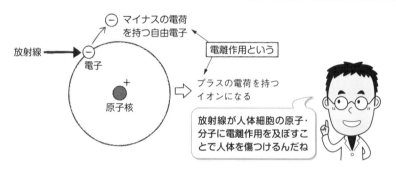

## 放射線の種類と透過力

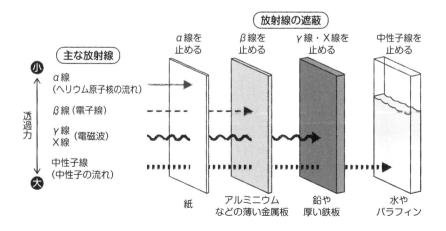

● 放射能と放射線の単位(2)

## ①吸収線量　②被曝線量
## ①Gy　②Sv

　放射線の単位として有名なものに、グレイとシーベルトがあります。このうち後者のシーベルトは、人体への影響度を表した量であり、とくに重要です。

　放射線が物質に当たると、放射線のエネルギーの一部が物質に与えられます。物質が単位質量あたり吸収した放射線のエネルギーを**吸収線量**といい、単位に**グレイ**[Gy]を用います。前項で紹介したベクレル[Bq]が、放射線を出す側の物質における量だったのに対して、グレイ[Gy]は放射線を受ける側の物質における量です。物質1kgに1Jのエネルギーを与える放射線の量が1Gyです。したがって、本来のSI単位は[J/kg]（ジュール毎キログラム）ですが、固有名称として[Gy]も認められており、これを使うのが一般的です。以前は、吸収線量の単位にラド[rad]が用いられ、1rad＝0.01Gy＝10mGyでしたが、現在は使われません。なお、「グレイ」はイギリスの物理学者ルイス・グレイ（1905-68）にちなみます。以前の「ラド」は、英語で「放射線吸収線量」を意味する「radiation absorbed dose」の頭文字3つを並べたものです。

### ◆人体への影響度を示すシーベルト

　放射線を受ける側における量には、他に**被曝線量**があり、被曝線量には等価線量と実効線量があります。単位はどちらも**シーベルト**[Sv]です。被曝線量は人体への影響を表した量で、純粋な物理量ではなく、放射線の種類や人体の放射線感受性を考慮して求めた値です。吸収線量に、放射線の種類ごとに定められた**放射線加重係数**を掛けた値を**等価線量**といいます。たとえば、放射線のうち$γ$線（電磁波）や$β$線（電子線）では放射線加重係数が1なのに対して、$α$線（ヘリウム原子核の流れ）は20です。また、人体でも筋肉は放射線感受性が低いのに対して、生殖腺は感受性が高いことが知られています。人体の各部で不均等に被曝した場合、被曝部位ごとに等価線量に**組織加重係数**を掛けて、それらを合計した値を**実効線量**といいます。以上を右ページの図表にまとめています。

　なお、単位「シーベルト」はスウェーデンの物理学者ロルフ・シーベルト（1896-1966）にちなみます。被曝線量の単位には、以前は**レム**[rem]が用いられ、1rem＝0.01Sv＝10mSvでしたが、現在では[Sv]に統一されています。

第3章 単位を読み解く

## 被曝線量とは

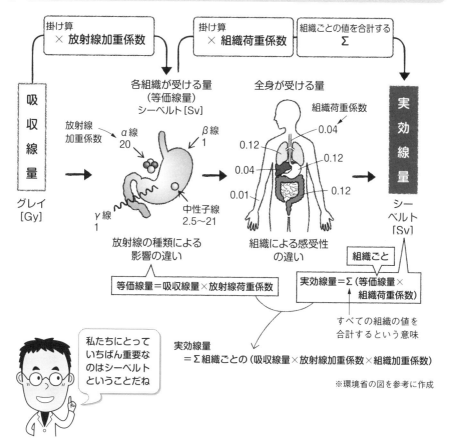

## 放射能と放射線の単位のまとめ

| 物理量 | 放射能 | 照射線量 | 吸収線量 | 被曝線量 | |
|---|---|---|---|---|---|
| | | | | 等価線量、実効線量 | |
| 単位 | Bq | C/kg | Gy | Sv | |
| (読み) | ベクレル | クーロン毎キログラム | グレイ | シーベルト | |
| 意味 | 放射能の強さ | X線とγ線の量 | 放射線の吸収量 | 放射線の人体への影響度合 | |
| 旧単位 | Ci (キュリー) | R (レントゲン) | rad (ラド) | rem (レム) | |
| 新旧の換算 | 1Bq=27.03pCi<br>1Ci=37GBq | 1C/kg=3,876R<br>1R=258μC/kg | 1Gy=100rad<br>1rad=10mGy | 1Sv=100rem<br>1rem=10mSv | |

## ●化学の単位（1）

# 3-42　①モル濃度　②質量濃度
## ①mol/m³　②kg/m³

　濃度とは「濃さ」のこと。もう少し正確にいえば、「混合物の単位量あたりにおける成分の量」をいいます。混合物は液体の場合もあれば、気体の場合もあります。そして、濃度の単位には、混合物と成分のそれぞれをどのような量にするかによって、さまざまなものがあります。SI単位系では、**モル濃度**と**質量濃度**が定義されています。

　モル濃度は、混合物全体を体積［m³］ではかり、成分を物質量［mol］ではかって、単位体積あたりの物質量を表したものです。単位は**モル毎立方メートル**［mol/m³］ですが、**モル毎リットル**［mol/L］やモル毎立方デシメートル［mol/dm³］の使用も認められています（図❶）。一方、質量濃度は、混合物全体を体積ではかり、成分を質量ではかって濃さを表現したものです。単位は**キログラム毎立方メートル**［kg/m³］ですが、同様にグラム毎リットル［g/L］やグラム毎立方デシメートル［g/dm³］なども使用できます（図❷）。

### ◆質量百分率と体積百分率

　学校で習う最初の濃度計算は、食塩水の濃度でしょう。この場合の濃度は上記2つの単位と異なります。食塩水の濃度は、ふつう食塩（溶質）の質量［g］を食塩水（溶液）全体の重さ［g］で割って、それに100を掛けてパーセント［%］で表します。このように、混合物と成分の両方を質量比で表した、**質量百分率**（**質量パーセント濃度**）［%、mass%］で表す濃度も認められています（図❸）。ただし、分母と分子が同じ単位なので、濃度は無次元量になり、本来単位はありません。しかし、数値に100を掛けてパーセント［%］を単位とするのが一般的で、**千分率**［‰］、**百万分率**［ppm］などの表記も可能です。同様に、混合物と成分の両方を体積比で表したものを**体積百分率**（**体積パーセント濃度**）といい、やはり［%］で表します（図❹）。ただし、質量百分率と体積百分率が同じ［%］では見分けがつかないので、質量比の場合は［mass%］、体積比の場合は［vol%］と表記することがよくおこなわれます。「mass」は英語で「質量」を意味し、「vol」は「volume（体積）」の略です。

　なお、濃度は化学研究や工業の現場において非常に重要な数値であり、非SI単位のものも用途に合わせて多数使用されています。

第3章 単位を読み解く

## いろいろな定義の濃度

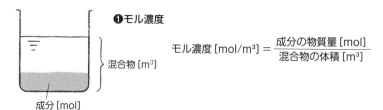

**❶モル濃度**

$$\text{モル濃度 [mol/m}^3] = \frac{\text{成分の物質量 [mol]}}{\text{混合物の体積 [m}^3]}$$

**❷質量濃度**

$$\text{質量濃度 [kg/m}^3] = \frac{\text{成分の質量 [kg]}}{\text{混合物の体積 [m}^3]}$$

一般に、密度の単位は [kg/m³] なので質量濃度と同じ。しかし、密度は、混合物の単位体積あたりの混合物の質量だから、❷の質量濃度とはまったく違う物理量なんだ

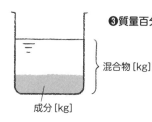

**❸質量百分率（質量パーセント濃度）**

$$\text{質量百分率 [mass\%]} = \frac{\text{成分の質量 [kg]}}{\text{混合物の質量 [kg]}} \times 100$$

※重量百分率[wt%]は、混合物と成分の質量を重さに置換したもの

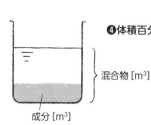

**❹体積百分率（体積パーセント濃度）**

$$\text{体積百分率 [vol\%]} = \frac{\text{成分の体積 [m}^3]}{\text{混合物の体積 [m}^3]} \times 100$$

※体積を混合前か混合後のどちらにするかで2タイプある

●化学の単位（2）

# 3-43　①電離度　②水素イオン指数（pH）
## ①無次元量　②指標

酸性または塩基性（アルカリ性）の強さの程度を表す指数を**pH**といい、ふつう0〜14の数字で表します。0は酸性がいちばん強く、7が中性、14は塩基性がいちばん強いことを表します。水溶液の酸性または塩基性を決めているのは、水素イオン（$H^+$）と水酸化物イオン（$OH^-$）で、酸または塩基が水に溶けると、陰イオンと$H^+$、または陽イオンと$OH^-$に分かれ、これを**電離**といいます。たとえば、塩酸は、$HCl \rightarrow H^+ + Cl^-$のように電離し、塩化水素1分子から1個の$H^+$が生じ、硫酸の場合は2個の$H^+$が生じます。このように、酸1分子から出る$H^+$の数を**価数**といいます。価数に単位はありませんが、塩酸は1価の酸、硫酸は2価の酸というように、数値の後に**価**を付けて表現します。塩基の場合も同様で、水酸化ナトリウムが水に溶けると1個の$OH^-$が生じるので、1価の塩基といえます（上図）。

◆酸・塩基の強さは水素イオン指数で決まる

酸性・塩基性の強さは、価数だけでは決まりません。たとえば、酢酸を水に溶かすと、$CH_3COOH \rightarrow H^+ + CH_3COO^-$のように電離するので1価の酸ですが、塩酸に比べて格段に酸性の程度が弱く、理由は**電離度**の違いにあります。電離度とは、溶かした物質量［mol］に対する、電離した物質量［mol］の割合をいい、実質的に水溶液中の$H^+$または$OH^-$の量を表します。【電離度】＝【電離した物質量】÷【溶かした物質量】であり、物質量の比なので電離度に単位はありません。塩酸は25℃、0.1 mol/Lで電離度1（100％が電離）なのに対して、酢酸は電離度0.01（1％が電離）に過ぎません。ゆえに塩酸は強酸であり、酢酸は弱酸なのです（上図）。

さて、冒頭で紹介したpHは、**水素イオン指数**とも呼ばれ、水素イオンのモル濃度の常用対数をとった値に、マイナスの符号を付けたものです。【pH】＝$-\log_{10}$（【水素イオンモル濃度】）であり、【水素イオンモル濃度】＝【価数】×【水溶液のモル濃度】×【電離度】なので、【pH】＝$-\log_{10}$（【価数】×【水溶液のモル濃度】×【電離度】）になります（下図）。対数値なので物理量ではなく、単位もありません。pHの「p」はドイツ語で「パワー」を意味する「Potenz」の頭文字で、「H」は水素の原子記号です。そのため、以前はpHをドイツ語風に「ペーハー」と読むことが多かったものの、1986年のJISの規程で「ピーエイチ」と読むことになりました。

## 酸・塩基の電離

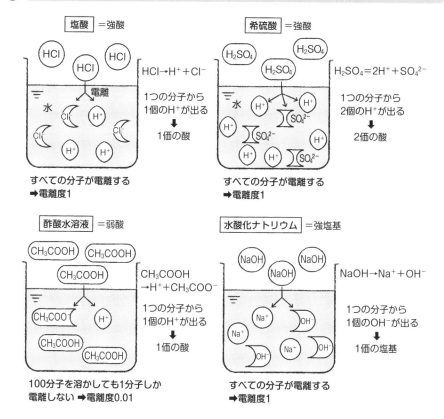

## pHの計算

$pH = -\log_{10}(価数 \times モル濃度 \times 電離度)$

◎モル濃度0.01mol/Lの塩酸のpH
　$pH = -\log_{10}(1 \times 0.01 \times 1) = -\log 10^{-2} = 2$

◎モル濃度0.05mol/Lの硫酸のpH
　$pH = -\log_{10}(2 \times 0.05 \times 1) = -\log 10^{-1} = 1$

◎モル濃度0.01mol/Lの酢酸水溶液のpH
　$pH = -\log_{10}(1 \times 0.01 \times 0.01) = -\log 10^{-4} = 4$

◎モル濃度0.1mol/Lの水酸化ナトリウム水溶液のpH
　$OH^-$のモル濃度 $= 1 \times 0.1 \times 1 = 10^{-1}$ [mol/L]
　これの対数をとって符号を逆にすると、pOH=1
　ここで、水溶液中のpHとpOHは足し算すると14になるので、
　pH = 14 − pOH = 13

> どのような水溶液でも、$H^+$と$OH^-$のモル濃度の積は一定で、$1 \times 10^{-14}$ [mol/L]$^2$になるんだ

●化学の単位（3）

## 3-44　①活性化エネルギー ②触媒活性 ③化学反応速度
### ①J/mol　②kat　③mol/(L·s)

　化学反応にはエネルギー［J］の出入りが伴います。**吸熱反応**の場合、熱エネルギーを外部から吸収しないと反応は起こりません。その際、反応前の物質（反応物とする）と反応後の生成物の内部エネルギーを比べると、生成物のエネルギーのほうが大きく、その分のエネルギーが外部から吸収されたことになります。これを吸熱量とすると、吸熱量を与えると反応が開始するように思われますが、実際には反応は起こりません。なぜなら、反応を開始するには吸熱量よりも大きな**活性化エネルギー**が必要だからです（上図）。

　**発熱反応**の場合も同様です。発熱するのだから、エネルギーを与えなくても勝手に反応が始まるように思われますが、やはり最初に活性化エネルギーを与えなければ反応は開始されません。ただし、いったん反応が始まると、熱が放出され、その一部が活性化エネルギーとして他の分子に利用されるため、自発的に次々と反応が進んでいきます。活性化エネルギーの単位は、ふつう単位物質量あたりの量で表されるので［J/mol］（ジュール毎モル）になります（中図）。

◆**触媒と化学反応の速度**

　活性化エネルギーが大きいということは、それだけ反応開始に大きなエネルギー量が必要になるということなので、活性化エネルギーは反応が始まるための障壁といえます。そこで、活性化エネルギーを小さくして、化学反応が進みやすくするものが**触媒**です（下図）。一般に、触媒とは、それ自身は反応の前後で変化せずに、化学反応速度を速くする物質をいいますが、逆に反応を遅くするための触媒もあります。この触媒の働きの強さを、単位時間あたりに化学反応を起こす反応物の物質量で表したものを**触媒活性**といいます。単位は［mol/s］（モル毎秒）ですが、これに固有名称の**カタール**［kat］が与えられており、SI単位系でも認められています。1秒あたり1molの反応物の化学反応を促進する触媒活性が1katです。

　なお、化学反応が進む速さを（化学）**反応速度**といい、単位には物質量を時間で割った［mol/s］（モル毎秒）や、単位物質量あたりの反応速度として、モル濃度を時間で割った［mol/(L·s)］（モル毎リットル毎秒）などが用いられます。このとき、物質量を反応物か生成物のどちらにするかは、計算の目的によって選択します。

第3章 単位を読み解く

## ● 吸熱反応の活性化エネルギー

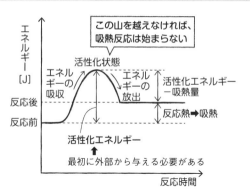

最初に与えた活性化エネルギーから吸熱量を差し引いたエネルギーでは、他の分子が活性化状態になるのに足りないので、外部からエネルギーを与え続けなければ反応は継続しない

## ● 発熱反応の活性化エネルギー

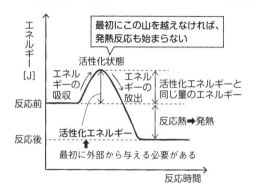

最初に与えた活性化エネルギーと同じ量のエネルギーが他の分子が活性化状態になるのに使用されるので、一度反応が始まると、自発的に反応が進む

## ● 触媒を用いたときの反応の活性化エネルギー

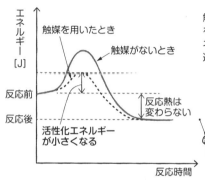

触媒を用いることで活性化エネルギーを小さくすることができる。活性化エネルギーが小さくなると、反応は速く進む

触媒は反応経路を変えることによって反応速度を高める。人体の中で触媒のはたらきをしているのが酵素だね

● 化学の単位（4）

# 3-45 気体定数
## J/(mol·K)

　一定量の気体をシリンダーに閉じ込め、温度を一定に保ちながらピストンを押して圧縮すると、気体の体積は減少し、圧力が大きくなります。このとき、気体の圧力と体積の積が一定になります。これを**ボイルの法則**といい、式で表すと、【気体の圧力】[Pa]×【気体の体積】[$m^3$]＝一定、となります。ただし、気体の温度 [K] と質量 [kg] が一定の場合という条件付きです（上図）。一方、同様に一定量の気体をシリンダーに閉じ込め、今度は圧力を一定に保ちながらシリンダーを加熱して気体を温めると、気体の体積が増加し、温度も上昇します。このとき、気体の体積と温度の比が一定になります。これを**シャルルの法則**といい、式で表すと、【気体の体積】[$m^3$]÷【気体の温度】[K]＝一定、となります。ただし、気体の圧力 [Pa] と質量 [kg] が一定の場合という条件付きです（中図）。そして、ボイルの法則とシャルルの法則を組み合わせたものを**ボイル・シャルルの法則**といい、質量が一定のとき、気体の体積は圧力に反比例し、温度に比例することが導かれます。式で表すと、【気体の圧力】[Pa]×【気体の体積】[$m^3$]÷【気体の温度】[K]＝係数（＝一定）、となります。ただし、質量 [kg] が一定の場合という条件付きです。

◆**理想気体の気体定数と状態方程式**

　ボイル・シャルルの法則は厳密には理想気体の場合にのみ成立します。理想気体とは、分子に大きさがなく、分子間力もはたらかず、絶対零度（0K＝−273℃）で体積が0になる、現実にはない仮想の気体です。しかし、理想気体を考えることで、計算が単純になり、気体の振る舞いを理解しやすくなるという利点があります。

　理想気体1molの体積は、0℃（＝273K）、1気圧（$1.013×10^5$Pa）で22.4L（$2.24×10^{-2}m^3$）になりますので、これをボイル・シャルルの法則に代入すると、$(1.013×10^5)×(2.24×10^{-2})÷273＝$係数（＝一定）となります。計算すると、係数は約8.31になります。この8.31を**気体定数**といい、単位は [Pa·$m^3$/(mol·K)]（パスカル立方メートル毎モル毎ケルビン）＝[J/(mol·K)]（ジュール毎モル毎ケルビン）]です（下図）。なお、気体定数を使ってボイル・シャルルの法則を表すと、【気体の圧力】×【気体の体積】＝【モル数】×【気体定数】×【気体の温度】が導かれ、これを**理想気体の状態方程式**といいます。

## ボイルの法則

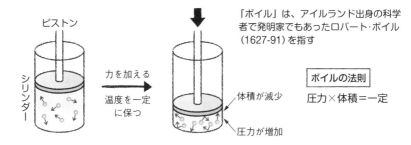

「ボイル」は、アイルランド出身の科学者で発明家でもあったロバート・ボイル (1627-91) を指す

ボイルの法則
圧力×体積＝一定

## シャルルの法則

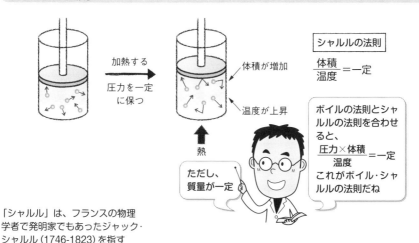

シャルルの法則
$$\frac{体積}{温度}＝一定$$

ボイルの法則とシャルルの法則を合わせると、
$$\frac{圧力×体積}{温度}＝一定$$
これがボイル・シャルルの法則だね

ただし、質量が一定

「シャルル」は、フランスの物理学者で発明家でもあったジャック・シャルル (1746-1823) を指す

## 気体定数の単位の計算

温度273K、1atm ($1.013×10^5$Pa) の理想気体1molの体積は22.4L ($2.24×10^{-2}$m³) これらの単位をボイル・シャルルの法則に当てはめて、気体定数の単位を求める

気体定数＝気体の圧力×気体の体積÷温度÷モル数
　　　　＝[Pa] × [m³] ÷ [K] ÷ [mol]

$$= \frac{[N] \times [m^3]}{[m^2] \times [mol] \times [K]} = \frac{[N \cdot m]}{[mol \cdot K]} = [J/(mol \cdot K)]$$

（[Pa] = N/m², [N·m] = J）

なお、圧力の単位に [atm]、体積の単位に [L] を用いた単位も使われることがあり、その場合の気体定数は、8.31 [J/(mol·K)] ＝0.082 [atm·L/(mol·K)] になる

●原子の世界の単位(1)

## 3-46 ①長さ(オングストローム) ②ボーア半径 ③面積(バーン)
### ①Å　　②$a_0$　　③b

　原子・分子サイズの微小な量を表現する場合、SI単位系では、基本単位に桁数を表す接頭語を付けるのが基本です。しかし、非SI単位の中にも併用が認められているものや、特定の分野で根強く使用されている単位があります。ちなみに、原子のサイズをSI基本単位で表すと、原子の半径は概ね$10^{-10}$m（=0.1nm）、原子核の半径は$10^{-15}$m（=1fm）です。[nm]は「ナノメートル」、[fm]は「フェムトメートル」を表します（上図）。

### ◆消え去ったフェルミとユカワ

　光の波長や原子の結晶構造における長さの単位として、古くから使われているのが**オングストローム**［Å］です。1Å=$10^{-10}$mなので、原子のサイズを表すのにピッタリです。非SI単位ですが、特定分野では今も使用されています。「オングストローム」はスウェーデンの天文学者アンデルス・オングストローム（1814-74）にちなみ、「A」の上に小さな丸が乗った記号は、スウェーデン語のアルファベットの1つで、「オングストローム」の綴りはスウェーデン語で「Ångström」です（下表）。

　オングストロームより小さな単位に**フェルミ**［fm］があり、1fm=$10^{-15}$mですので、原子核サイズにマッチします。「フェルミ」は上記のフェムトメートルと、単位記号［fm］も表す長さも同じなので、まったく区別がつきません。しかし、SI単位系では「フェムトメートル」を使い、「フェルミ」は使われません。なお、フェルミと同じ$10^{-15}$mを表すのに、湯川秀樹（1907-81）の名前からとった単位**ユカワ**［Y］もかつては使われていましたが、現在はほぼ消えました。「フェルミ」はイタリア出身の物理学者エンリコ・フェルミ（1901-54）にちなみます。

　水素原子における、原子核に最も近い安定な電子軌道の半径をボーア半径といい、長さの単位とすることがあります。**ボーア半径**は［$a_0$］で表し、$1a_0=5.29\times10^{-11}$m。「ボーア」はデンマークの物理学者ニールス・ボーア（1885-1962）にちなみます。

　ここで、1つだけ面積の単位を紹介します。核反応は原子核に粒子が衝突して起こりますが、その衝突のしやすさ（核反応を起こす確率）の目安として、反応断面積バーン［b］が定義されています。反応断面積が大きいほど核反応が起こりやすくなります。1b=$10^{-28}$m$^2$で、これはおよそウラン原子核の断面積にあたります。

第3章 単位を読み解く

## ◯ 原子のサイズ

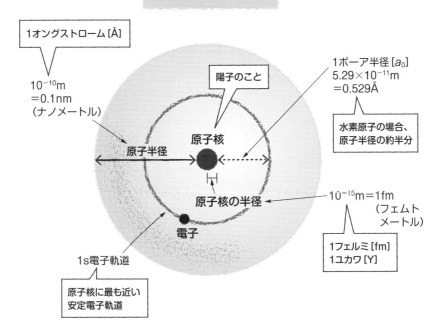

●微小な長さの単位

| 単位 | 記号 | 単位換算1 | 単位換算2 | 単位換算3 |
|---|---|---|---|---|
| オングストローム | Å | $10^{-10}$m | 0.1nm | 100pm |
| フェルミ | fm | $10^{-15}$m | 1fm | |
| ユカワ | Y | $10^{-15}$m | 1fm | |
| ボーア半径 | $a_0$ | $5.29\times10^{-11}$m | 0.529Å | 52.9pm |
| バーン | b | $10^{-28}$m$^2$ | 100fm$^2$ | ※面積の単位 |

人名由来だけど小文字で書くフェルミ[fm]と、単位換算2のフェムトメートル[fm]を混同しないように。数値は同じだから問題ないけれど…

● 原子の世界の単位(2)

# 3-47　①質量(ダルトン)　②統一原子質量単位
## ①Da　②u

　原子の「質量数」は「質量」の単位ではなく、原子核を構成する陽子と中性子（これらを**核子**という）の数のことです。原子の質量を表す固有名称の単位は、現在2つが認められています。

　陽子の静止質量は約$1.6726 \times 10^{-27}$ kgです。**静止質量**とはその名のとおり、物体が静止しているときの質量をいいます。ニュートン力学では、物体の質量は静止していても運動していても同じでしたが、特殊相対性理論では運動している物体の質量は静止しているときより増加するので、物体の運動状態に応じて質量を決定する必要が出てきたのです。なお、中性子の静止質量は約$1.6749 \times 10^{-27}$ kgで、陽子よりわずかに重い値です。また、電子の静止質量は約$9.1094 \times 10^{-31}$ kgで、核子の静止質量の約1,840分の1になります。したがって、原子を構成する陽子・中性子・電子の静止質量（以下、単に「質量」と表記）をそれぞれの個数と掛けて合計したものが、ほぼその原子の質量になります。"ほぼ"といったのは、核子と電子の質量を単純に合計した質量は、原子の質量より重いからで、その差を質量欠損といいます。欠損した質量は核子の結合エネルギーに姿を変えます（上図）。

◆原子の質量の単位

　原子の質量は非常に小さいので、**ダルトン**［Da］（ドルトンとも表記）という単位がつくられ、1Daは質量数12の炭素原子の質量の12分の1と定義されて、1Da＝$1.6605 \times 10^{-27}$ kgに決められました。1Daは核子1個の質量の単位と見なせますので、ヘリウム原子（質量数4）の質量は4Da、炭素原子（質量数12）の質量は12Daとなります。「ダルトン」はイギリスの化学者で物理学者でもあったジョン・ドルトン（1766–1844）にちなみます。

　ダルトン以外にも、**原子質量単位**［amu］（atomic mass unit）が提案されましたが、複数の基準が存在し混乱したため、基準を1つに統一した**統一原子質量単位**［u］が定められました。統一原子質量単位とダルトンは定義が同じで、1da＝1uです。さらに、**ミリ原子質量単位**（または**ミリマスユニット**）［mmu］（milli mass unit）という単位も存在します。［mmu］は統一原子質量単位［u］の1,000分の1を表しますが、SI単位系では［amu］と［mmu］は単位として認められていません（下表）。

第3章 単位を読み解く

## ○ 原子の質量

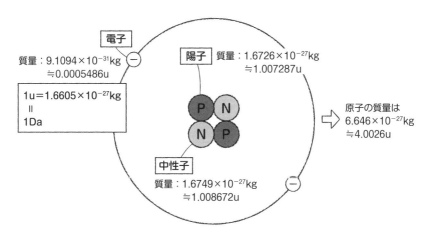

ヘリウム原子のモデル

電子　質量：$9.1094 \times 10^{-31}$kg ≒ 0.0005486u

$1u = 1.6605 \times 10^{-27}$kg = 1Da

陽子　質量：$1.6726 \times 10^{-27}$kg ≒ 1.007287u

中性子　質量：$1.6749 \times 10^{-27}$kg ≒ 1.008672u

⇒ 原子の質量は $6.646 \times 10^{-27}$kg ≒ 4.0026u

ヘリウム原子の見かけの質量 [Da] は、

陽子2個の質量＋中性子2個の質量＋電子2個の質量

$= (1.007287 \times 2) + (1.008672 \times 2) + (0.0005486 \times 2)$
$= 4.0330152$ [u]

実際のヘリウム原子の質量は4.0026Daなので、その差は、

$4.0330 - 4.0026 = 0.0304$ [u] — 質量欠損 ⇒ 陽子・中性子の結合エネルギーになる

## ○ 原子の質量の単位

| 単位 | 記号 | 単位換算1 | 単位換算2 |
|---|---|---|---|
| 統一原子質量単位 | u | 1u＝1Da | $1.6605 \times 10^{-27}$kg |
| ダルトン | Da | $1.6605 \times 10^{-27}$kg | |
| 原子質量単位 | amu | ※複数の定義が存在 | |
| ミリ原子質量単位 | mmu | 1mmu＝u/1,000 | $1.6605 \times 10^{-30}$kg |

SI単位系で併用が認められているのは、統一原子質量単位とダルトンのみ。ただし、統一原子質量単位を短く「原子質量単位」ということもあるんだ

125

## ●原子の世界の単位(3)

### 3-48
① ハートリー　② リュードベリ　③ 電子ボルト
① Hartree ($E_h$)　② Ry ($E_{Ryd}$)　③ eV

　SI単位系ではエネルギーの単位はジュール[J]ですが、原子の世界では、それでは大きすぎます。そこで使われる単位の1つが**ハートリー**([**Hartree**]または[$E_h$])です。ハートリーエネルギーは、ボーア半径と等しい距離にある素電荷（約$1.6022 \times 10^{-19}$C）を持った2つの電子間の**静電エネルギー**と定義されています。静電エネルギーとは電場が持つエネルギーをいい、1 Hartree ≒ $4.3597 \times 10^{-18}$ Jです。なお、原子の世界における量に用いられる特定の単位群を総じて**原子単位系**といいますが、そのうちハートリーエネルギーをエネルギーの基本単位とする単位系を**ハートリー原子単位系**といいます。「ハートリー」はイギリスの数学者で物理学者でもあったダグラス・ハートリー(1897-1958)にちなみます。原子単位系は原子の振る舞いを表すのに便利なように、ハートリーが提唱しました。

　一方、原子の吸収スペクトルの波長を説明するリュードベリ定数から導かれるエネルギーを基本単位の1つとする単位系を**リュードベリ原子単位系**といい、エネルギーの単位に**リュードベリ**([**Ry**]または[$E_{Ryd}$])を用います。1 Ryは水素原子における基底状態の電子軌道が持つ固有エネルギーに等しく、1 Ry = $2.1799 \times 10^{-18}$ Jで、1 Hartree = 2 Ryの関係にあります。「リュードベリ」はスウェーデンの物理学者ヨハネス・リュードベリ(1854-1919)にちなみます。原子単位系はSI単位ではありませんが、原子物理学や量子力学の分野で使用されています（上図、下図）。

### ◆電子ボルトはエネルギーの単位にも質量の単位にも用いる

　原子物理学分野の単位で、SI単位系でも併用が許されているエネルギーの単位が**電子ボルト**（または**エレクトロンボルト**）[eV]です。1電子ボルトは、真空中で電子1個が1Vの電位差で加速されたときに得る運動エネルギーをいい、1 eV ≒ $1.6022 \times 10^{-19}$ Jです。これは、電子が1Vの電位差で加速されて得るエネルギーが1Jと定められていることから導かれたものです（下表）。

　電子ボルトはエネルギーの単位でありながら、素粒子の質量の単位としても用いられます。というのも、アインシュタインの有名な公式「$E = mc^2$」より、エネルギーと質量が等価であることから使われるもので、公式では質量の単位は[$eV/c^2$]（$c$は真空中の光速度）になりますが、略して[eV]と書くことも多くあります。

第3章 単位を読み解く

## 水素原子のエネルギー準位

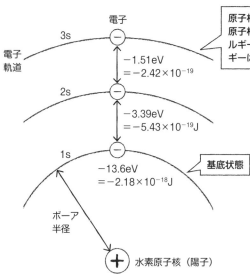

原子核から無限遠を基準にとり、原子核に近づくほど安定（低エネルギー）になるので、位置エネルギーはマイナスの値になる

基底状態（1s軌道）の電子が光子を吸収すると、電子は2s軌道にジャンプ（励起）する。2s軌道の電子は光子を放出して1s軌道に戻る。2s電子と1s電子の位置エネルギーの差は、
$-3.39\,[\text{eV}] - (-13.6\,[\text{eV}])$
$= 10.21\,[\text{eV}] = 1.64 \times 10^{-18}\,[\text{J}]$

1s電子に13.6eVのエネルギーを与えると、電子は原子核の束縛から逃れて飛び出すので、この13.6eVを（第一）イオン化エネルギーというんだ

## 微小なエネルギーの単位

| 単位 | 記号 | 単位換算1 | 単位換算2 | 単位換算3 |
|---|---|---|---|---|
| 電子ボルト | eV | $1.6022 \times 10^{-19}$ J | | |
| ハートリー | Hartree、$E_\text{h}$ | $4.3597 \times 10^{-18}$ J | 13.6056eV | 1Hartree=2Ry |
| リュードベリ | Ry、$E_\text{Ryd}$ | $2.1799 \times 10^{-18}$ J | 27.2112eV | 1Ry=1/2Hartree |

電子ボルト［eV］は、素粒子の質量の単位としても用いられることがあるんだ

## 3-49 ①時間の原子単位 ②時間の自然単位 ③スヴェドベリ
① $\hbar/E_h$  ② $\hbar/(m_e \cdot c^2)$  ③ S

　**原子単位系**では、3つの量を無次元で1とし、これを基本単位として他の量を基本単位で組み立てます。3つの基本単位は、質量（電子の静止質量）、電荷（電気素量）、**作用**（ディラック定数）です。ここでいう「作用」はエネルギーと時間の積で表される物理量、ディラック定数とは次項で紹介する**プランク定数**を2πで割った値を持つ定数で、**換算プランク定数**とも呼ばれます。「ディラック」はイギリスの物理学者ポール・ディラック（1902–84）にちなみます。

　基本単位から組み立てられた長さの単位はボーア半径と等しくなります。そして、エネルギーの単位に**ハートリー**［Hartree（$E_h$）］を採用したのが**ハートリー原子単位系**であり、**リュードベリ**［Ry（$E_{Ryd}$）］を採用したのが**リュードベリ原子単位系**ですが、リュードベリ原子単位系では、基本単位である電荷の値が変わります。

　時間の単位ですが、原子単位系では、時間の単位［s］は、作用をエネルギーで割って求められます。したがって、ハートリー原子単位系では$1\hbar/E_h = 2.419 \times 10^{-17}$s、リュードベリ原子単位系では、$1\hbar/E_{Ryd} = 4.838 \times 10^{-17}$sになります（上表）。

◆**自然単位系の時間**

　普遍的な物理量のみで定義される単位系を**自然単位系**といいます。その意味で、原子単位系も自然単位系の1つといえ、他にもさまざまな単位系があります。

　自然単位系では、光速（$c$）とディラック定数（$\hbar$）を基本単位とし、$c = \hbar = 1$とします。こうした単位系を第一段階の自然単位系といい、ふつう「**自然単位**」といえばこれを指します。第二段階の自然単位系では、万有引力定数（重力定数$G$）を基本単位に加えます。時間の自然単位は、作用をエネルギーで割って、$1\hbar/(m_e \cdot c^2)$ $= 1.288 \times 10^{-21}$sになります。$m_e$は電子の質量、$c$は光速です（中表）。

　ところで、原子の世界以外で使われる、微小な時間の単位**スヴェドベリ**［S］にも触れておきます。スヴェドベリは溶液を遠心分離する際の、溶質が沈降する速度の係数（**沈降係数**）で、沈降速度と遠心加速度の比であり、時間の次元を持ちます。$1S = 1 \times 10^{-13}$sです。沈降係数は溶液の温度や密度、粘度などによって異なります。上式の大文字［S］がスヴェドベリで、小文字［s］が秒です。「スヴェドベリ」はスウェーデンの化学者テオドール・スヴェドベリ（1884–1971）にちなみます（下表）。

## 第3章 単位を読み解く

### ● 原子単位

| 物質量 | ハートリー原子単位系 | | リュードベリ原子単位系 | |
|---|---|---|---|---|
| | 単位または単位の定義 | 単位換算 | 単位または単位の定義 | 単位換算 |
| 質量 | $m_e=1$ | $9.1094 \times 10^{-31}$ kg | $2m_e=1$ | $1.8219 \times 10^{-30}$ kg |
| 電荷 | $e=1$ | $1.6022 \times 10^{-19}$ C | $e/\sqrt{2}=1$ | $1.1329 \times 10^{-19}$ C |
| 作用 | $\hbar=1$ | $1.0546 \times 10^{-34}$ J·s | $\hbar=1$ | $1.0546 \times 10^{-34}$ J·s |
| 長さ | $a_0=4\pi\varepsilon_0 \cdot \hbar^2/(m_e \cdot e^2)$ | $5.2918 \times 10^{-11}$ m | $a_0=4\pi\varepsilon_0 \cdot \hbar^2/(m_e \cdot e^2)$ | $5.2918 \times 10^{-11}$ m |
| エネルギー | $E_h=e^2/(4\pi\varepsilon_0 a_0)$ | $4.3597 \times 10^{-18}$ J | $E_{Ryd}=e^2/2(4\pi\varepsilon_0 a_0)$ | $2.1799 \times 10^{-18}$ J |
| 力 | $E_h/a_0$ | $8.2387 \times 10^{-8}$ N | $E_{Ryd}/a_0$ | $4.1194 \times 10^{-8}$ N |
| 時間 | $\hbar/E_h$ | $2.4189 \times 10^{-17}$ s | $\hbar/E_{Ryd}$ | $4.8378 \times 10^{-17}$ s |
| 速度 | $a_0 E_h/\hbar$ | $2.1877 \times 10^6$ m/s | $a_0 E_{Ryd}/\hbar$ | $1.0938 \times 10^6$ m/s |
| 運動量 | $\hbar/a_0$ | $1.9929 \times 10^{-24}$ N·s | $\hbar/a_0$ | $1.9929 \times 10^{-24}$ N·s |

※$m_e$は電子の質量、$e$は電気素量、$a_0$はボーア半径、$\varepsilon_0$は真空の誘電率、$E_h$はハートリーエネルギー、$E_{Ryd}$はリュードベリエネルギー

### ● 自然単位

| 物質量 | 単位または単位の定義 | 単位換算1 | 単位換算2 |
|---|---|---|---|
| 電子ボルト | eV | $1.6022 \times 10^{-19}$ J | |
| 真空中の光速 | $c=1$ | $2.9979 \times 10^8$ m/s | |
| 作用 | $\hbar=1$ | $1.0546 \times 10^{-34}$ J·s | $6.5821 \times 10^{-16}$ eV·s |
| 長さ | $\hbar/(m_e \cdot c)$ | $386.16 \times 10^{-15}$ m | |
| 質量 | $m_e$ | $9.1094 \times 10^{-31}$ kg | |
| エネルギー | $m_e \cdot c^2$ | $8.1871 \times 10^{-14}$ J | 0.5110 MeV |
| 運動量 | $m_e \cdot c$ | $2.7309 \times 10^{-22}$ kg·m/s | 0.5110 MeV/$c$ |
| 時間 | $\hbar/(m_e \cdot c^2)$ | $1.2881 \times 10^{-21}$ s | |

※$c$は真空中の光速

### ● 微小な時間の単位

| 単位 | 記号 | 単位の定義 | 単位換算 |
|---|---|---|---|
| ハートリー原子単位 | a.u.(時間) | $\hbar/E_h$ | $2.4189 \times 10^{-17}$ s |
| リュードベリ原子単位 | a.u(時間) | $\hbar/E_{Ryd}$ | $4.8378 \times 10^{-17}$ s |
| 自然単位 | n.u.(時間) | $\hbar/(m_e \cdot c^2)$ | $1.2881 \times 10^{-21}$ s |
| プランク時間 | $t_P$ | $\sqrt{\hbar G/c^5}$ | $5.3912 \times 10^{-44}$ s |
| スヴェドベリ | S | $v/(r \cdot \omega^2)$ | $10^{-13}$ s |

※$G$は万有引力定数、$v$は沈降速度、$(r \cdot \omega^2)$は遠心加速度

原子単位系では、すべての物理量の単位に[a.u.]、自然単位に[n.u.]を付けて表すことがあるが、それでは何の量かわからないので、但し書きが必要となる。それでも「ハートリー単位系」か「リュードベリ単位系」か不明なままなので、$E_h \cdot E_{Ryd}$を使用したほうがわかりやすいといえるね

● 原子の世界の単位（5）

## 3-50　①プランク長　②プランク質量　③プランク時間
### ①$\ell_p$　②$m_p$　③$t_p$

　プランク単位系は、光速［$c$］とディラック定数［$\hbar$］に加えて、**万有引力定数（重力定数）**［$G$］、**クーロン定数**［$1/4\pi\varepsilon_0$］、**ボルツマン定数**［$k$］を基本単位にした自然単位系の1つです。クーロン定数は2つの荷電粒子の間にはたらくクーロン力を導くための係数で、ボルツマン定数は気体定数をアボガドロ数で割った値で表される、熱力学の最も基本的な定数です。$\varepsilon_0$は真空の誘電率を表します。プランク単位系は、量子力学の創始者の1人である、ドイツの物理学者マックス・プランク（1858-1947）が提唱しました。

　プランク単位系では、$c=\hbar=G=1/4\pi\varepsilon_0=k=1$から、さまざまな物理量が定義されており、そのうち「長さ」、「質量」、「時間」を定義した**プランク長**［$\ell_p$］、**プランク質量**［$m_p$］、**プランク時間**［$t_p$］の3つを基本プランク単位といいます。現代物理学ではこの3つの物理量が、自然界の最も基本的なスケール（量）だと考えられています。たとえば、プランク長は物理的に意味を持つ最小の長さの単位、プランク時間は物理的に意味を持つ最小の時間の単位であり、これらより小さい量の事象は知られていません。

　なお、［$\hbar$］は**プランク定数**［$h$］を$2\pi$で割った値で、**ディラック定数**または**換算プランク定数**といいますが、これも「プランク定数」と呼ぶことがあります。また、$h$にバーを付けた記号は「エイチバー」と読むのが一般的です。ディラック定数の基になっているプランク定数とは、光子のエネルギーと振動数（周波数）の比例定数で、【プランク定数】［$h$］＝【光子のエネルギー】［J］÷【振動数】［Hz］（＝［s$^{-1}$］）より、プランク定数の単位は［J·s］で、作用の単位と同じであるため、プランク定数は作用量子とも呼ばれています。$h=6.6261\times10^{-34}$J·sです。

　基本プランク単位のプランク長［$\ell_p$］は$\sqrt{(\hbar\cdot G/c^3)}=1.6162\times10^{-35}$m、プランク質量［$m_p$］は$\sqrt{(\hbar\cdot c/G)}=2.1765\times10^{-8}$kg、プランク時間［$t_p$］は$\sqrt{(\hbar\cdot G/c^5)}=5.3912\times10^{-44}$sです。また、これらから派生した**プランク温度**［$T_p$］は、$\sqrt{(\hbar\cdot c^5/(G\cdot k^2))}=1.4168\times10^{32}$K、**プランク電荷**［$q_p$］は、$\sqrt{(\hbar\cdot c\cdot 4\pi\varepsilon_0)}=1.8755\times10^{-18}$C。この2つを基本単位に含めることもあります。プランク派生単位は他に数多くあり、図にまとめました。

第3章 単位を読み解く

## プランク単位系

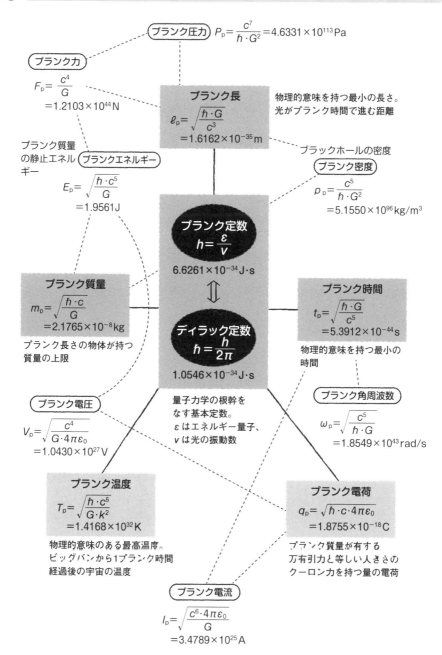

## ●情報通信の単位(1)

# 3-51　①ビット　②バイト　③オクテット
### ①bit　②byte　③octet

　パソコンやスマートフォンが処理する情報（データ）の単位に、ビットとバイトがあります。似た言葉なので混同しそうですが、語源もまた似ています。**ビット**「bit」は、「a little bit」という表現があるように、もともと英語で「小片」という意味であり、「bite」（噛む）という動詞の過去形でもあります。そのbitを、「2進法」を意味する「binary digit」の略語として使い始めたところ、情報量の単位として広まったということのようです。一方、**バイト**「byte」のほうは、一説には昔データ保存に利用していたパンチカードに穴が空けられるようすから、鳥が「つつく」（これも「bite」）動作をもじってつくられたともいわれています。いずれにしても、違う言葉を採用していたら、両者を区別しやすかったかも知れません。

　さて、コンピュータは0か1かの2進法で計算します。その2進法の1桁がビット［bit］です。0か1が入る1つのセルのようなもので、情報の最小単位です。そして、ビットが8つ並んだ8ビットが1バイト［byte］です。現在のコンピュータでは、欧文文字1文字を8ビットで表します。なお、1文字に省略して表すときは、ビットは小文字の［b］、バイトは大文字の［B］を使います（上図）。

### ◆1オクテットは8ビット

　じつをいえば、バイトは8ビットとは限りません。［byte］は本来欧文文字1文字を表すためのビット数であり、現在は1byte＝8bitに落ち着いているものの、歴史的に見ると、かつては6ビットや7ビット、9ビットで1文字を扱うコンピュータもありました。それに対して、ネットワーク関連でよく使われる単位に**オクテット**［octet］があり、こちらは1octet＝8bitに固定されています。たとえば、インターネット上のパソコンの住所を示すIPアドレスの2進法表記では、必ず8ビットずつに区切って表現され、それを順に「第1オクテット」「第2オクテット」……と呼んだりします。オクテットは音楽の世界では「八重唱（奏）」を意味します（下図）。

　情報量の単位には他に**ワード**［word］があります。もちろんワープロソフトのwordではありません。［word］には2つの解釈があり、16ビットを1ワードとする（1word＝16bit）ものと、コンピュータの処理単位が32ビットだった場合、その処理単位に合わせて32ビットを1ワードと呼ぶものです。

第3章 単位を読み解く

## ビットとバイト

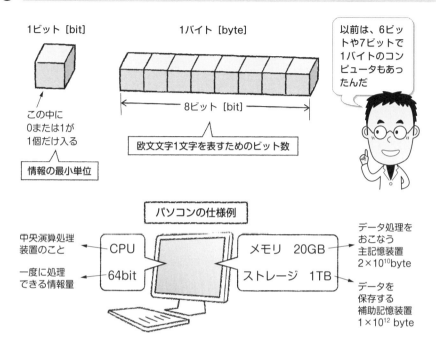

## IPアドレスとオクテット

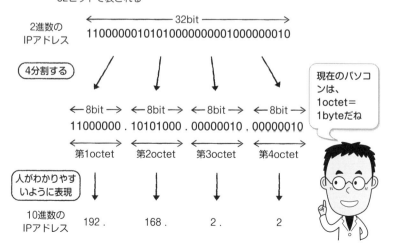

## ●情報通信の単位(2)

# 3-52 ①サイクル/命令 ②命令/サイクル ③浮動小数点演算速度
## ①CPI　②IPC　③FLOPS

　コンピュータの性能をはかる尺度の1つに、クロック周波数があります。**クロック**（clock）とは、一定の速度で時を刻む時計のはたらきをする水晶振動子、またはそれが出す信号をいいます。コンピュータの各素子はデータを交換するなどのタイミングを、クロックに合わせることで同期させています。

　一般に、**クロック周波数**［Hz］が高い（その逆数の**クロック周期**［s］が短い）ほど、1秒間あたりのデータ交換回数を増やすことができ、計算速度を速められます。コンピュータで1つのプログラムを実行したときの**プログラム実行時間**は、クロック周期とそのプログラムの**クロックサイクル数**（以下、クロック数と表記）の積で求められ、【プログラム実行時間】=【クロック周期】×【クロック数】なので、クロック周期が短いほどプログラム実行時間が短くなることがわかります。

　クロックサイクルを用いた、マイクロプロセッサ（CPUなど）の性能指標に、**CPI**（シーピーアイ）があります。CPIは「Cycles Per Instruction」の頭文字で、1命令あたりの平均クロック数を表します。「Instruction」はCPUなどに与える命令のことです。【CPI】=【クロック数】÷【命令数】なので、【プログラム実行時間】=【命令数】×【CPI】×【クロック周期】となり、よって、同じクロック周期（または、クロック周波数）ならCPIの値が小さいほどプログラム実行時間が短くなります。また、**IPC**（アイピーシー、Instructions Per Cycle）という性能指標もありますが、IPCはCPIの逆数となっており、同じクロック周期ならIPCの値が大きいほど処理速度が速くなります（上図）。

◆**フロップスは数値計算の速さの指標**

　コンピュータは元来、数値計算に用いられてきたことから、数値計算に特化した性能指標もあり、それが**浮動小数点演算の速度フロップス**［**FLOPS**］です。「FLOPS」は「FLoating-point Operations Per Second」の頭文字です。たとえば1876を1.876×$10^3$とする表し方は、小数点の位置が固定されないので浮動小数点方式といい、浮動小数点方式で表された数値の四則演算を浮動小数点演算といいます（下図）。浮動小数点演算は、大きな桁の数字を扱うのに便利ですが、通常の演算（固定小数点演算）より処理時間がかかるため、コンピュータの性能指標に使われています。

第3章 単位を読み解く

## ○ クロックの周期と周波数

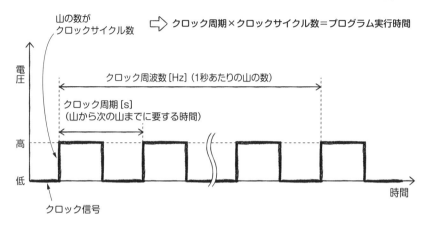

一定の周期で 低→高→低→高…… を繰り返す

プログラム実行時間＝クロック周期×クロックサイクル数

の式に、クロックサイクル数＝命令数×CPIを代入すると、

プログラム実行時間＝命令数×CPI×クロック周期

よって、 $CPI = \dfrac{プログラム実行時間}{命令数×クロック周期} = \dfrac{1}{IPC}$

## ○ 浮動小数点の構造

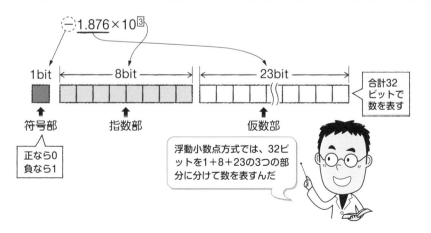

## ●情報通信の単位（3）

### 3-53 ①通信速度 ②変調回数 ③応答速度
### ①bps、B/s ②baud ③ms

　動画の投稿や視聴、ソフトウェアのダウンロードなど、インターネットサービスの利用に欠かせないのが高速な通信速度です。速度といっても、移動の速さのことではなく、**通信速度**は1秒間に伝送できるデータ量を表します。したがって、単位は［m/s］ではなく、[bps]（ビーピーエス、ビット毎秒）や［B/s］または［Bps］**（バイト毎秒）**です。［bps］は「bits per second」、［B/s］は「Bytes per second」の略で、1B/s＝8bpsです。一般に、［bps］はコンピュータ間の通信、［B/s］はコンピュータ内部の通信に用いられることが多く、実用的にはK（キロ）やM（メガ）、G（ギガ）、T（テラ）などの接頭語を付けたものが単位として使われます。

　また、単位時間に伝送される文字数に特化した通信速度に[cps]**（キャラクター毎秒）**があります。「characters per second」の略で、「character」は「文字」のことです。[cps]は1秒間に伝送される文字数を表し、たとえば1秒間に1,200文字を送ることができる場合の速度を1,200cpsと表記します。ただし、ここでいう「character」は1byteの文字です。[cps]はプリンターの性能を表すときなどに用いられ、その場合は「印刷速度」と説明されます（上図）。

### ◆ネットゲームで最も重要なのはPING

　映像や音声、データなどを送るためには、もともとの低周波を**変調**して高周波にする必要があります。こうした電波を**搬送波**（または**キャリア波**）といい、変調とは波の振幅、周波数、位相などを変化させることをいいます。そして、単位時間の変調回数をボー［baud、Bd］という単位で表します。［baud］は1秒間に何回変調して搬送波にするかを表し、この数値が大きいほど通信を高速におこなえます。1回の変調で1bitのデータを搬送すれば、1baud＝1bpsですが、実際には1回の変調で複数bitを搬送できるので、［baud］≠［bps］です。なお、［baud］はフランスの技術者エミール・ボドー（1845-1903）にちなみます。

　ネットゲームを楽しむ際には、通信速度［bps］よりも、**応答速度：ピン（PING）**の値が最も重要です。PINGとは、通信先サーバーからの応答時間をいい、単位は**ミリ秒**［ms］です。PINGの値が1msであれば1秒間に1,000回サーバーと通信ができるのに対して、100msでは10回しか通信できません（下図）。

## 通信速度の単位の使い分け

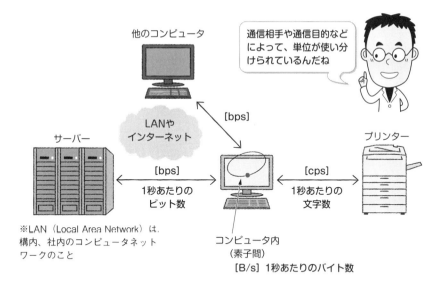

## ネットゲームでの通信

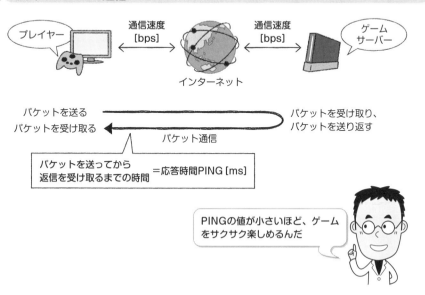

## 情報通信の単位(4)

# 3-54　①解像度　②文字サイズ
### ①ppi、dpi　②pt

　パソコンやスマホのディスプレイに表示される画像における画質の程度を、一般に**解像度**といいます。ディスプレイは小さな四角形のセルで構成されており、1つ1つのセルを**ピクセル**（または**画素**）といいます。そして、画面を構成するピクセル数をディスプレイの**画面解像度**といい、ふつう（横×縦）の順に（1,920×1,080）などと表します（上図）。もっとも、画面解像度は単にピクセル数をいっているだけなので、画面サイズが異なるディスプレイとは画質の比較ができません。そういう意味で、本来の意味の「解像度」を表すのが**ピクセル密度**（または**画素密度**）です。こちらは1インチ（＝2.54cm）あたりのピクセル数を表したもので、単位は［**ppi**］（ピーピーアイ、pixels per inch）です。ただし、密度といっても面積ではなく、長さを基準とした値です。技術の発達でピクセルのサイズがどんどん小さくなっており、同サイズのディスプレイのピクセル密度が高くなっています（中図）。

◆**印刷に関連した単位**

　［ppi］とほぼ同義の単位に［**dpi**］（ディーピーアイ、dots per inch）があり、実際にディスプレイの解像度を［dpi］で表記している例も多数あります。［dpi］は1インチあたりのドット数を表し、主にデジタル画像を印刷するときに用いられています。印刷に関しては、**スクリーン線数**「**lpi**」（エルピーアイ、lines per inch）という単位もあります。写真の印刷では、濃淡を出すのに大小の丸い網点の数で調整する方法が普及しており、網点が小さいほど精細な印刷ができます。網点の大きさで単位面積あたりの網点数も変わるので、網点の1インチあたりの数を表したのがスクリーン線数です。［lpi］が大きいほど精細な印刷物になります。ところで、網点なのに「線」と呼ぶ理由は、昔格子模様のスクリーンに光を当て、すきまを通った光で網点をつくっていたので、その格子の線の数で網点を区別したからです。

　また、印刷する文字の大きさには、**ポイント**［**pt**］と**級数**［**級**または**Q**］の2つの単位があります（下図）。［pt］は輸入された単位で、アメリカと欧州で基準が異なりますが、日本ではアメリカと同じ1pt＝1/72inch≒0.35mmが採用されています。一方、［Q］は日本独自の単位で、1Q＝0.25mmです。単位名は英語で「4分の1」を意味する「Quarter」の頭文字をとり、それに「級」の漢字をあてています。

第3章 単位を読み解く

## ⭕ テレビ放送とピクセル数

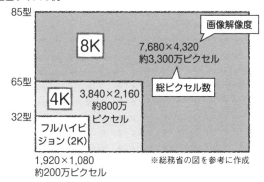

## ⭕ ピクセル密度（解像度）と画質

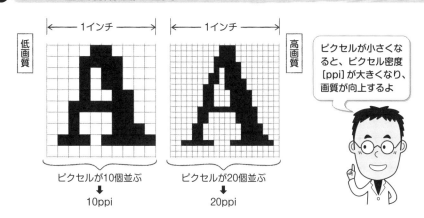

## ⭕ ポイントと級数

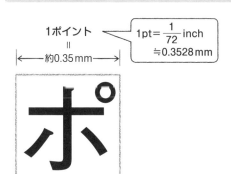
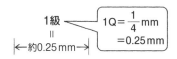

0.25mmは1mmの4分の1だから「Quarter」。そのQをとって単位にし、さらに日本語の「級」をあてた

## ●地震の単位（1）

**3-55** ①震度 ②SI値 ③液状化指数
①指標 ②kine ③指標

　日本で計測震度計（以下、震度計と表記）という器械による地震観測が始まったのは1872年のこと。その12年後の1884年に、各地の揺れの大きさを示す指標として**震度階級**（以下、**震度**と表記）が初めて定められました。ただし、当時は揺れを「微・弱・強」の3段階に分けた簡単なものでした。以来、震度の基準は幾度も変更が加えられ、阪神・淡路大震災の翌年の1996年大幅に改定されました。このとき、過去110年以上、最終的に人が体感と周囲の状況から震度を決めてきたのを、震度計が自動的に観測し震度を速報するという方式に変えました。同時に、それまでは震度0〜7までの8段階の判定だったのを、新たに「震度5」を「5弱」と「5強」に、「震度6」を「6弱」と「6強」に分けて**10段階**としました。さらに、それまで震度に付与されていた「弱震」「激震」などの呼称が廃止されました。

　震度計は、震動の加速度などの計測データをあらかじめプログラムされた計算方法で処理して、**計測震度**をはじき出します。そして、計測震度の数値の小数点以下を四捨五入して「震度」として速報します。たとえば、計測震度が0.5未満だった場合は「震度0」、計測震度が2.5以上3.5未満だった場合は「震度3」といった具合です。計測震度が6.5以上には上限がなく、すべて「震度7」になります。

　なお、気象庁では、震度とは別に**長周期地震動**の階級1〜4も定めています（上図）。

### ◆ガスの遮断を決めるSI値

　固有の振動周期を持つさまざまな建物や構造物が、地震でどれくらいの被害を受けるかを予測する尺度に、**SI値**（**スペクトル強度**）というものがあります。単位は**カイン**［kine］（＝cm/s）です（→p142）。SI値は気象庁の計測震度と非常に高い相関があり、都市ガス会社はSI値をはかる地震センサー（SIセンサー）をエリア内に多数設置し、地震の際にガス供給を遮断する判断基準として利用しています。SI値は「Spectral Intensity」（スペクトル強度の意）の頭文字で、アメリカの地震学者ジョージ・ハウスナー（1910-2008）が提唱しました（中図）。

　地震による液状化の起こりやすさを表す指標には、**液状化指数**（**PL値**）があります。これは地盤の地層ごとの液状化の可能性を足し合わせて求めるもので、「Potential of Liquefaction」（「液状化の可能性」の意）の頭文字からそう呼ばれています（下表）。

第3章 単位を読み解く

## ◯ 長周期地震動の階級

**階級1** 室内のほとんどの人が揺れを感じ、ブラインドなどが大きく揺れる

**階級2** 物につかまらないと歩くのが難しく、棚の食器や本が落ちることがある

**階級3** 立っていることが困難で、固定していない家具や棚が倒れることがある

**階級4** 立つことができず、はわないと動けない。固定していない家具の大半が移動し、倒れるものもある

※気象庁の図を参考に作成

## ◯ SI値とガス供給停止の判断

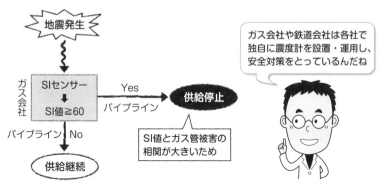

ガス会社や鉄道会社は各社で独自に震度計を設置・運用し、安全対策をとっているんだね

## ◯ PL値と液状化危険度

| PL値 | 液状化判定 |
|---|---|
| 0〜5 | ほぼなし |
| 5〜10 | 小さい |
| 10〜20 | 中程度 |
| 20〜35 | 激しい |
| 35〜 | 非常に激しい |

※大阪府土木構造物耐震対策検討委員会報告書(1997)を参考に作成

自治体によっては、ハザードマップにPL値を載せているところもあるんだ

● 地震の単位（2）

## 3-56 ①揺れの加速度　②揺れの速度
### ①Gal　　　　　　②kine

　地震の揺れの加速度を表す単位を**ガル**［Gal］といいます。加速度に質量を掛けると「力」を表すことから考えると、［Gal］は揺れの強さ、激しさを表すとも見なせます。震度は、ガルを基に補正を加えて算出した数値を震度階級に当てはめたものです。もっとも、ガルは揺れの強さを示すとはいえ、必ずしも震度や被害の大きさに直接結びつくわけではありません。

　たとえば、これまで観測された世界史上最大のガルは、2008年に発生した岩手・宮城内陸地震の4,022Gal（最大震度6強）だったのに対して、それよりも大きな被害を出し、最大震度も7を記録した阪神・淡路大震災（1995年）の最大加速度は900Galに過ぎませんでした。震度や建物被害は、揺れの周期や継続時間、地盤などの条件によって変わってくるからです。ちなみに、近年日本で起きた主な大地震の最大加速度は、北海道胆振東部地震（2018年）1,796Gal、熊本地震（2016年）1,791Gal、東日本大震災（2011年）2,933Galなどとなっています。

　なお、［Gal］は非SI単位であり、SI単位に換算するなら、$1\,\mathrm{Gal}=1\,\mathrm{cm/s^2}=0.01\,\mathrm{m/s^2}$です。また、重力加速度$G$との関係は$1G=9.8\,\mathrm{m/s^2}=980\,\mathrm{Gal}$になります。［Gal］はイタリアの物理学者で天文学者でもあったガリレオ・ガリレイ（1564-1642）にちなむので、［Galileo］と表記されることもあります。

◆**揺れの激しさを表すカイン**

　大きな揺れがドーンときたとしても、それが1度きりなら、おそらく建物や構造物にそれほどの被害は出ないでしょう。被害が大きくなるのは、揺れが継続したり、繰り返し襲ってきたときです。そう考えると、揺れの強さ（加速度＝ガル）に時間を掛けた値を仮に加速度の継続時間と読み替えれば、そちらの値のほうがガルよりももっと直接的に揺れの激しさや被害の大きさに結びつくと考えられます。この値を**カイン**［kine］といい、実際にカインは震度と高い相関があり、地震の被害予測を数値化したSI値にもカインが用いられています（図、➡p140）。

　［kine］は、加速度に時間を掛けたものなので、速度の次元を持ちます。1kine＝1cm/sで、1秒間に1cm動いたときの速度が1kineです。［kine］はギリシア語起源の英語「kinematic」（「運動」の意）に由来するといわれています。

第3章 単位を読み解く

## 震度とガル、SI値の対応関係

| 計測震度 | 震度 | 揺れの程度 | ガル [Gal] | SI値 [kine] | 計測震度 | 震度 | 揺れの程度 | ガル [Gal] | SI値 [kine] |
|---|---|---|---|---|---|---|---|---|---|
| 0.5未満 | 0 | 人は揺れを感じない | 0.8以下 | | 4.5〜5.0未満 | 5弱 | 大半の人が、恐怖を覚え、物につかまりたいと感じる/棚にある食器類、書棚の本が落ちることがある | 80〜250 | 12.6〜22.8 |
| 0.5〜1.5未満 | 1 | 屋内で静かにしている人の大半が、揺れを感じる | 0.8〜2.5 | | 5.0〜5.5未満 | 5強 | 大半の人が、物につかまらないと歩くことが難しい/テレビが台から落ちたり、固定していない家具が倒れることがある | | 22.9〜41.6 |
| 1.5〜2.5未満 | 2 | 屋内で静かにしている人の大半が揺れを感じる/電灯などのつり下げ物が、わずかに揺れる | 2.5〜8.0 | | 5.5〜6.0未満 | 6弱 | 立っていることが困難になる/固定していない家具の大半が移動し、倒れるものもあったり、ドアが開かなくなることがある | 250〜400 | 41.7〜75.8 |
| 2.5〜3.5未満 | 3 | 屋内にいる人のほとんどが揺れを感じる/棚にある食器類が音を立てることがある | 8.0〜25 | 1.1〜3.7 | 6.0〜6.5未満 | 6強 | はわないと動くことができず、飛ばされることもある/固定していない家具のほとんどが移動し、倒れるものが多くなる | | 75.9〜138.1 |
| 3.5〜4.5未満 | 4 | ほとんどの人が驚く/電灯などのつり下げ物が大きく揺れたり、座りの悪い置物が、倒れることがある | 25〜80 | 3.8〜12.5 | 6.5以上 | 7 | 耐震性の高い木造建物でもまれに傾くことがある/耐震性の低い鉄筋コンクリート造の建物では倒れるものが多くなる | 400以上 | 138.2以上 |

※気象庁のパンフレット等を参考に作成

●地震の単位（3）

# マグニチュード
## 指標

3-57

　震度・ガル・カインは、どれも地震の揺れの強さや激しさを表す指標または単位です。しかし、これらは「その地震」の規模や大きさを示しているわけではなく、あくまでも「その観測地点」の値に過ぎません。それに対して、「その地震」自体の規模（エネルギー）を示すのが**マグニチュード**で、1つの地震において1つの値が決まります。マグニチュードはアルファベットの大文字の [$M$] を数字の前に付けて表しますが、対数をとった値なので、無次元量の指標値です。

◆**いろいろなマグニチュード**

　震度と同様に、マグニチュードには国際統一基準がなく、厳密に区別するとマグニチュードは40種類以上あるといわれています。そのうち、一般的なのは次の4方式です（上図）。まず、**ローカル・マグニチュード** [$M_L$] は世界で初めて提唱されたマグニチュードで、提唱者であるアメリカの地震学者チャールズ・リヒター（1900-85）の名をとって「リヒター・スケール」とも呼ばれています。$M$ に添えられている「L」は英語の「Local」からとったものです。[$M_L$] は、揺れの最大振幅と震央からの距離に基づいて算出されます。震央とは、震源の真上にあたる地表の地点をいいます（下図①）。そして、ローカル・マグニチュードの計測値を基にして開発されたのが、国際的に広く用いられている**モーメント・マグニチュード** [$M_w$] です。[$M_w$] は断層の剛性率・断層面積・変位量（ずれの長さ）の3つの積で求まる**地震モーメント**から算出されます（下図②）。剛性率とは、断層のずれにくさのことです。なお、添え字の「W」は英語で「仕事」を意味する「Work」からきています。

　一方、日本の気象庁が発表しているマグニチュードは日本独自のもので、これを**気象庁マグニチュード**といい、「Japan」の「J」が添えられ、[$M_J$] と表記します。[$M_J$] は地面の最大変位から求める**変位マグニチュード**と、地面が動いた速度から求める**速度マグニチュード**を、地震の規模で使い分けて運用されています。

　他にも、**表面波マグニチュード**「$M_S$」や**実体波マグニチュード**「$m_B$」があり、前者は地震の揺れが地表面を伝わる表面波の最大振幅を基にして算出したもの、後者は主要な地震波ごとの最大振幅と周期に基づいて算出したマグニチュードです（下図③）。なお、震度と違い、マグニチュードはどの方式でも近い値になります。

第3章 単位を読み解く

## ◯ いろいろなマグニチュードの計算

● ローカル・マグニチュード [$M_L$]

$$M_L = \log_{10}(\text{最大振幅}) + \{\text{震央距離の関数}\}$$

● モーメント・マグニチュード [$M_W$]　補正値

$$M_W = \frac{2}{3} \log_{10}(\text{地震モーメント}) - 6.07$$

※地震モーメント＝断層面の剛性率×断層面積×変位量
　単位は [N·m]（ニュートンメートル）

補正値は、数値をローカル・マグニチュードの値に近づけるために導入するんだ

● 気象庁マグニチュード [$M_J$]

地震の大きさによって変位マグニチュードと速度マグニチュードを使い分ける

◎ 変位マグニチュード [$M_D$]　南北方向²＋東西方向²

$$M_D = \frac{1}{2} \log_{10}(\text{水平2方向の最大振幅}) + \{\text{距離減衰項}\} + \text{補正値}$$

◎ 速度マグニチュード [$M_V$]　震央距離と震源の深さの関数

$$M_V = \alpha \log_{10}(\text{上下方向の最大振幅}) + \{\text{距離減衰項}\} + \text{補正値}$$

● 表面波マグニチュード [$M_S$]　補正値

$$M_S = \log_{10}\left(\frac{\text{表面波の最大振幅}}{\text{表面波の周期}}\right) + 1.66 \log_{10}(\text{震央距離}) + 3.30$$

表面波マグニチュードと実体波マグニチュードは
$[m_B] = 0.63 [M_S] + 2.5$
の関係にあるんだ

● 実体波マグニチュード [$m_B$]

$$m_B = \log_{10}\left(\frac{\text{実体波の最大振幅}}{\text{実体波の周期}}\right) + \{\text{震央距離と震源の深さの関数}\}$$

※実体波とは、P波・S波のこと

## ◯ 計算式を理解するための用語図解

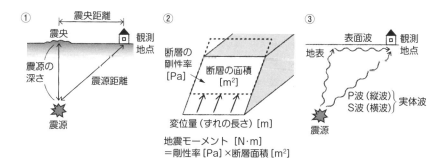

① 震央距離／震央／観測地点／震源の深さ／震源距離／震源

② 断層の剛性率 [Pa]／断層の面積 [m²]／変位量（ずれの長さ）[m]
地震モーメント [N·m]
＝剛性率 [Pa] × 断層面積 [m²] × 変位量 [m]

③ 表面波／観測地点／地表／P波（縦波）／S波（横波）／実体波／震源

145

## ●大気現象の単位(1)

### 3-58 ①雲量 ②日射量 ③紅斑紫外線強度
### ①指標 ②kW/m² ③mW/m²

　天気情報での「晴れ」や「曇り」の判定は**雲量**でおこなわれます。雲量とは、全天に占める雲の見かけの割合をいい、人が目測で判断し、0～10までの11段階で表します。割合といっても目測なので、単位はなく、数値は単なる指標です。まったく雲がないときの雲量は0で、空一面雲に覆われた状態が雲量10です。気象庁の基準では、雲量が0と1のときが「快晴」であり、「晴れ」は雲量が2～8です（上図）。

### ◆晴れた日は紫外線に注意

　雲量が8なら、「晴れ」でも日射量はさほど望めないかも知れません。日射量とは、単位時間に、単位面積が受ける太陽の放射エネルギーをいい、単位は［kW/m²］（キロワット毎平方メートル）です。ただし、日射量を1日単位や1月単位で表すときは、積算量になりますので、［MJ/m²］（メガジュール毎平方メートル）を使用します。もっとも、日射は2種類に分けられ、簡単にいうと、太陽光が直接地上に届く日射を**直達日射**、太陽光が大気成分で散乱・反射して地上に届くものを**散乱日射**といいます。そして、直達日射の水平成分と散乱日射の和を**全天日射**といいます（中図）。なお、日射によく似た言葉に「日照」がありますが、こちらはたとえば「日照時間」というふうに、太陽光を受けた時間を表すときに使います。日照時間はWMO（世界気象機関）によって、直達日射が120W/m²以上ある時間帯と定められています。

　ところで、日射量といえば、気になるのが日焼けの原因となる紫外線。紫外線はがんを引き起こす恐れもあることは周知の事実です。紫外線の人体への影響度合を総合的に評価した指標を**UVインデックス**といい、(CIE) **紅斑紫外線強度**［mW/m²］（ミリワット毎平方メートル）を基に算出されます。「CIE」は国際照明委員会のことで、紅斑紫外線とは皮膚に赤い日焼けを起こさせる紫外線をいいます。紫外線の人体への紅斑作用は波長によって異なるため、波長別に紫外線の強度と紅斑作用の度合を掛け合わせて総合したものが紅斑紫外線強度です。UVインデックスは紅斑紫外線強度を25mW/m²で割って、日常的に使いやすい簡単な数値にしたものです。一方、日焼けの防止効果は**SPF**（Sun Protection Factor：**紫外線防御指数**）と**PA**（Protection grade of UV-A：**UV-A防御指数**）で表されます。紫外線は波長により**UV-A、UV-B、UV-C**に分類されますが、SPFはUV-B、PAはUV-Aを防ぐ指標です（下図）。

第3章 単位を読み解く

## ○ 雲量と天気

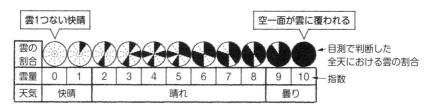

## ○ 日射量

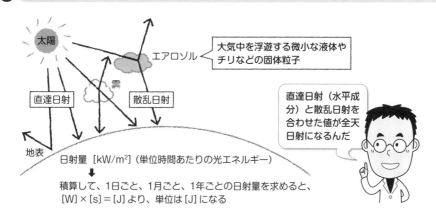

## ○ 紫外線と日焼け止め

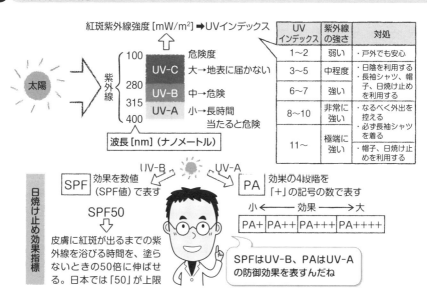

## ●大気現象の単位(2)

**3-59**　①対流有効位置エネルギー　②藤田スケール　③雷の激しさ
　　　　①J/kg　　　　　　　　②指標　　　　③指標

　暖かい空気は冷たい空気より比重が小さいため、空気の層を考えると、下層の空気が暖かく、上層が冷たいと、暖かい空気は上昇しようとし、冷たい空気は下降しようとして、大気は不安定になります。この大気の不安定性を示す指標のうち、広く用いられているものの1つに**対流有効位置エネルギー**（**CAPE**：Convective Available Potential Energy）があります（上図）。たとえば、地表付近の空気の塊は周囲から一定以上のエネルギーを得て、上昇し始めます。ところが、上昇するにつれて膨張し、ある高度にくると浮力によって自発的に上昇を始め、浮力が0になる高度まで上昇を続けます。この間の浮力の積み重ねがCAPEで、上昇気流はこれを運動エネルギーに変換しているのです。したがって、CAPEが大きいほど上昇気流が激しく、大気が不安定だといえます。CAPE値は単位質量あたりのエネルギーで表されるので、単位は〔J/kg〕（ジュール毎キログラム）になります。

### ◆竜巻と雷の強さ

　CAPE値が大きいと激しい上昇気流が生じて積乱雲が発達し、突風や竜巻が発生したり、激しい雷雨になったりします。そのうち、竜巻などの突風の強さを表す指標に、**藤田スケール**（または**Fスケール**）があります。藤田スケールは日本出身の気象学者・藤田哲也（1902-98）が提唱したもので、その改良版である**改良藤田スケール**（**EFスケール**：Enhanced Fujita scale）とともに、国際的な基準として広く用いられており、日本では2016年から**日本版改良藤田スケール**（**JEFスケール**）が運用されています（中表）。藤田スケールは主として建物や樹木などの被害状況から突風の強さを推定するもので、JEFスケールでは0〜5の6段階で判定します。

　一方、雷の強さは電流〔A〕や電界（電場）の強さ〔V/m〕からはかることができます（下表）。しかし、気象庁は電流値よりも、雷監視システムによる雷放電の検知数に重きを置き、それにレーダ解析などの結果も加味して雷の活動レベルを判定しています。簡単にいうと、単位時間あたりの雷放電の発生数が多いほど活動度が高い「激しい」雷とし、1〜4の4段階の指数で公表しています。ただし、活動度1は「まだ発生していないが落雷の可能性がある」段階です。そして、活動度2が「雷あり」、3が「やや激しい雷」、4が「激しい雷」を表します。

第3章 単位を読み解く

## ○ 対流有効位置エネルギー(CAPE)

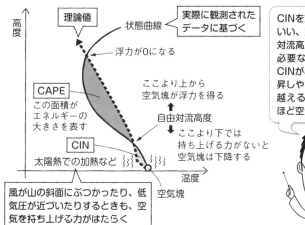

CINを対流抑制エネルギーといい、空気塊を地表から自由対流高度まで上昇させるのに必要なエネルギーのこと。CINが小さいほど空気塊は上昇しやすい。自由対流高度を越えると、CAPEが大きいほど空気塊は上昇しやすい

※CIN: Convective Inhibition（対流抑制）

## ○ 日本版改良藤田スケール(JEFスケール)

| JEF | 風速(m/s) | 被害・現象 |
|---|---|---|
| 0 | 25～38 | 飛散物で窓ガラスが割れる、自動販売機が横転する、など |
| 1 | 39～52 | 木造家屋の屋根がはく離する、軽自動車が横転したり、走行中の列車が転覆する、など |
| 2 | 53～66 | 木造家屋でひび割れ等が発生する、広葉樹の幹が折れる、など |
| 3 | 67～80 | 木造住宅が著しく変形したり、倒壊する、鉄筋コンクリート造の集合住宅のベランダ等の手すりが比較的広い範囲で変形する、道路のアスファルトがはく離・飛散する、など |
| 4 | 81～95 | 工場や倉庫の屋根がはく離したり、脱落する、など |
| 5 | 95～ | 鉄骨系プレハブ住宅が著しく変形したり、倒壊する、鉄筋コンクリート造の集合住宅のベランダ等の手すりが著しく変形したり、脱落する、など |

藤田スケールは竜巻だけでなく、突風やダウンバーストなどの強さを表すときにも使われるんだよ

## ○ 平均的雷のスケール

| | | 夏の雷 | 冬の雷 | 単位 | 単位の読み |
|---|---|---|---|---|---|
| 雷雲 | 雲底高度 | 1,200 | 300 | m | メートル |
| | 電荷 | 2.6 | 3.5 | C | クーロン |
| | 電圧 | 100 | (推定) 10～100 | MV | メガボルト |
| | 静電エネルギー | 100万 | (推定) 100～1億 | kJ | キロジュール |
| 放電 | 落雷電流 | 24 | 24 | kA | キロアンペア |
| | 持続時間 | 0.2 | 0.5以下 | s | 秒 |
| | 極性 | 負極性が95% | 正極性33%、負極性67% | | |
| | 向き | ほとんどが下向き | ほとんどが上向き | | |

※電気設備学会誌(2011年5月)を参考に作成
極性: 負極性は雲内の負電荷の落雷、正極性は雲内の正電荷の落雷
向き: 下向きは雲から地表に向かう、上向きは地上突起物から雲に向かう

## ●大気現象の単位(3)

**3-60**
①地球温暖化係数　②二酸化炭素排出原単位(発電)
①無次元量　　　　②kg-CO₂/kWh

　近年の地球温暖化は、人為的な温室効果ガスの排出量増大が主たる原因と考えられています。温室効果を持つ気体はたくさんありますが、その中でも広く知られているのは圧倒的に二酸化炭素です。しかし、二酸化炭素の単位質量あたりの温室効果は決して高くありません。個々の温室効果ガスが地球温暖化に寄与する大きさを表す指標に、**地球温暖化係数**があります（上表）。これは、大気中に放出された気体が、100年間にわたってどれくらい地球を温暖化する能力を持つかを、単位濃度あたりで見積もり、それを二酸化炭素を1とした比率で表したものです。たとえば、メタンの温暖化係数は28、一酸化二窒素は265で、それぞ二酸化炭素の28倍、265倍の温暖化能力を持つとされています。それでも、二酸化炭素が注目されているのは、二酸化炭素が他の気体と比べて大気中濃度がはるかに大きいからで、気体別の温暖化寄与率は二酸化炭素が56％、メタンが32％、一酸化二窒素が6％です（上図）。

　もっとも、温暖化係数をはじき出す計算方法は、国際的に未だ確立されていません。発表しているIPCC（国連気候変動に関する政府間パネル：Intergovernmental Panel on Climate Change）でも毎回数値が変更されており、メタンの温暖化係数は第2次評価報告書（1995年）では21、第4次（2007年）では25と発表されてきましたが、第5次（2013～2014年）で再度変更されて28になりました。

◆二酸化炭素排出原単位

　地球温暖化を防止するためには、産業界が二酸化炭素の排出量削減に取り組む必要があります。単位生産量に対する二酸化炭素排出量を**二酸化炭素排出原単位**といいます（下図）。原単位とは、一定量の生産のために使用したり、排出したりするモノや時間の量をいい、発電の場合は生産物が電力なので、【二酸化炭素排出原単位】＝【二酸化炭素排出量】÷【販売電力量】で算出され、単位は［kg-CO₂/kWh］（キログラムシーオーツー毎キロワットアワー）になります。また、セメント1tを製造するのに消費するエネルギーの場合は、【エネルギー消費原単位】＝【エネルギー消費量】÷【セメント生産量】で求められ、単位は［MJ/t］（メガジュール毎トン）になります。このように、原単位は生産するモノ、消費するモノ、排出するモノによって、単位を変えて用いられます。

第3章 単位を読み解く

## 温室効果ガス

### ●温室効果ガスの地球温暖化係数

| 温室効果ガス | 化学式 | 温暖化係数 | 気体の発生や用途 |
|---|---|---|---|
| 二酸化炭素 | $CO_2$ | 1 | 主として化石燃料の燃焼で発生 |
| メタン | $CH_4$ | 28 | 天然ガスの主成分。稲作や酪農、ゴミの埋立地などでも発生 |
| 一酸化二窒素 | $N_2O$ | 265 | 燃料の燃焼や工業の製造プロセスなどで発生 |
| トリフルオロメタン | $CHF_3$ | 12,400 | フロンガスの一種。低温用冷媒として使用 |
| 六フッ化硫黄 | $SF_6$ | 23,500 | ガス遮断器やガス絶縁体開閉装置などで絶縁体として使用 |
| 三フッ化窒素 | $NF_3$ | 16,100 | 半導体や液晶製造装置用のクリーニング剤として使用 |

### ●気体別温暖化寄与率

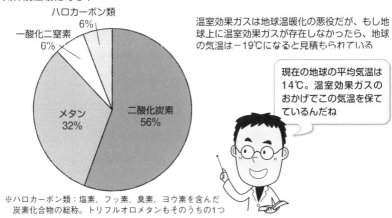

温室効果ガスは地球温暖化の悪役だが、もし地球上に温室効果ガスが存在しなかったら、地球の気温は−19℃になると見積もられている

現在の地球の平均気温は14℃。温室効果ガスのおかげでこの気温を保っているんだね

※ハロカーボン類：塩素、フッ素、臭素、ヨウ素を含んだ炭素化合物の総称。トリフルオロメタンもそのうちの1つ

## いろいろな原単位

### ●二酸化炭素排出原単位

◎製品1個あたりの二酸化炭素排出原単位 [t-$CO_2$/個]

＝二酸化炭素排出量 [t-$CO_2$] ÷ 製品個数 [個]

kgの代わりにt（トン）を使ってもよい

◎売上高あたりの二酸化炭素排出原単位 [kg-$CO_2$/円]

＝二酸化炭素排出量 [kg-$CO_2$] ÷ 売上高 [円]

### ●エネルギー消費原単位

◎輸送量 [トンキロ] あたりのエネルギー消費原単位 [kJ/(t·km)]

＝エネルギー消費量 [kJ] ÷ 輸送量 [トンキロ]

[t·km]はトンキロと読み、貨物のトン数に輸送距離を掛けて輸送量を表す。物流用語

◎従業員1人あたりの灯油消費原単位 [L/人]

＝灯油消費量 [L] ÷ 従業員数 [人]

● 海の単位（1）

## 3-61　①海上の距離　②船の速さ
### ①海里　　　　　②kt

　海では、陸上と違った単位が使われることがあります。その筆頭が［海里（かいり）］です。たとえば、国の管轄海域の分類では、「**領海**」は基線から外側12海里まで、「**接続水域**」は基線から24海里、「**排他的経済水域**」は基線から200海里の線までの海域とされています。基線とは「海岸の低潮線、湾口もしくは湾内等に引かれる直線」、低潮線とは「海面がいちばん低いときの海岸線」です（上図）。

　海里をメートルに換算すると、1海里＝1,852mです。なぜこのような半端な数字になったかといえば、海里が緯度を基準にした長さだからです。地球の円周はおよそ40,000km。それを360度で割り、さらに60分（1度は60分）で割ると、1分が約1,852mになります。つまり、緯度1分の海上距離を1海里としたために、1海里＝1,852mとなったのです（下図①）。距離の単位を緯度の「分」と合わせたことで、海図を使った航路計算が非常に楽になりました。ただし、地球は完全な球体ではなく、回転楕円体なので、低緯度（赤道付近）と高緯度（両極地方）で「分」の値がわずかに異なり、1,852mはあくまで平均値です。

　1海里の距離（1,852m）は国際的に決まっていますが、単位記号には統一されたものがありません。英語の「マイル」からきた［M］を使用することがあるものの、SI単位ではありません。なお、日本で昔から使われている（中国由来の）距離の単位「里（り）」は、1里＝約3.9kmで、海里とはまったく関係ありません。

### ◆速さの単位ノットは「結び目」のこと

　海里を使った速さの単位が**ノット**［kt］です。［kt］は、「結び目」を意味する「knot」の略で、なぜ「結び目」が「速さ」の単位になったかというと、その昔、西洋では船の速さの単位をはかるのに、一定間隔で結び目をつくったロープに三角板を取り付けて海に放り投げ、砂時計の砂が落ちるまでに何個の結び目が繰り出されたかを数えて、船の速さをはかったことに由来するようです。いずれにしろ、現在1ノットは「1時間に1海里進む速さ」と定義されており、1kt＝1,852m/hです。つまり、1ノットは時速1,852mと同じです（下図②）。海里もノットも非SI単位ですが、今も海（と空）の単位として広く使われています。

第3章 単位を読み解く

## ● 沿岸国の権利から見た海域

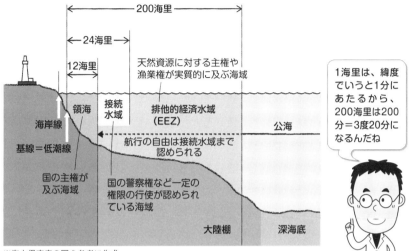

※海上保安庁の図を参考に作成

## ● 海里とノットの計算

### ①海域の基線からの範囲を[km]で求める

1海里＝1,852mより

◎領海の範囲は、12[海里]×1,852[m/海里]＝22,224[m]
　　　　　　　　　　　　　　　　　　　　＝22.224[km]

◎接続水域の範囲は、24[海里]×1,852[m/海里]＝44,448[m]
　　　　　　　　　　　　　　　　　　　　　　＝44.448[km]

◎排他的経済水域は、200[海里]×1,852[m/海里]＝370,400[m]
　　　　　　　　　　　　　　　　　　　　　　＝370.4[km]

### ②ノットをSI単位に換算する

1ノット＝1,852m/hより

◎10ノットを[km/h]で表すと、1,852[m/h]×10＝18,520[m/h]
　　　　　　　　　　　　　　　　　　　　　＝18.52[km/h]

◎20ノットを[m/s]で表すと、1,852[m/h]×20＝37,040[m/h]
　　　　　　　　　　　　　　　　　　　　　＝約10.3[m/s]

1h＝3,600s

●海の単位(2)

## 3-62 ①船の総トン数 ②排水トン数
### ①トン ②トン(t)

　船の大きさを表す単位として用いられているのは「トン」という言葉です。漁船からタンカーまで、トン数を聞けば、およその大きさをざっくりですがイメージできます。しかし、じつはこの「トン数」にはさまざまなタイプがあり、船の種類によって意味合いが異なります（図）。「1万トンの軍艦」、「20万トンのタンカー」、「3万トンの客船」では、それぞれ「トン」の意味が違うのです。

### ◆軍艦やタンカーの大きさは重量で表す

　軍艦で使用されているトン数は、ふつう**排水トン数**（または**排水量**）です。排水トン数とは、船を水に浮かべたときに押しのける水の重量で、船全体の重さを表します。船がどれくらい水を押しのけたかは、喫水を計測すればわかります。喫水とは、水面から船の底までの深さをいい、軍艦は貨物船や客船に比べて重さの変化が少ないため、排水トン数で大きさを表します。

　一方、原油タンカーの大きさを表すのに広く用いられているのは、船に積むことができる最大限の重量を表す**載貨重量トン数**です。満載排水トン数から軽荷重量トン数を引いて求めます。満載排水トン数は、船に貨物や旅客や食料などを満載した最大重量をいい、軽荷重量トン数とは、船から積み荷や燃料などを除いて、空っぽにした船の重さをいいます。

### ◆客船や貨物船の大きさは容積で表す

　客船や貨物船の大きさには、**総トン数**、あるいは**純トン数**がよく用いられます。「トン数」といっても表すのは容積で、100立方フィートを1トンとします。したがって、総トン数は船全体の空間的広さを表し、純トン数は総トン数から機関室や船長・船員室、二重底などを除いて、貨物や旅客を積める区画の容積を表します。

　船の大きさを表す「トン数」には、他にもまだいろいろな種類があります。しかし、それが重量を表すものでも容積を表すものでも、総じて単位には［**トン**］を用います。その由来は15世紀のイギリスでの話、ワインの大樽をいくつ積めるかで徴税額を決めることにし、樽を棒でたたくと「タン」と音がしたので、その音がなまって、樽の数を「何トン」と呼ぶようになりました。積み込んだ樽の重量に注目するのか、容積に注目するのかで、同じ「トン」でもどちらの尺度にもなります。

第3章 単位を読み解く

## 船のトン数の種類

◎船の重量の要素を、①空っぽの船の重量、②貨物・旅客の重量、③食料や水、燃料などの重量、に分ける
◎船の容積の要素を、④貨物・旅客の区画、⑤食料や水、燃料などを保管する区画、⑥船員室・機関室・二重底などの区画、に分ける

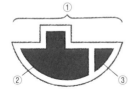

| トン数名 | 主な船の種類 | 重量or容積 | 表す要素 | 説明 |
|---|---|---|---|---|
| 排水トン数 | 軍艦 | 重量 | ①+②+③ | 船の全重量を表す |
| 載貨重量トン数 | 貨物船・タンカー | 重量 | ②+③ | ＝(満載排水トン数)－(軽荷重量トン数) |
| 軽荷重量トン数 | 貨物船・タンカー | 重量 | ① | 空っぽのときの船の重量 |
| 総トン数 | 貨物船・客船・漁船 | 容積 | ④+⑤+⑥ | 船の全容積を表す。国際総トン数と、それに(日本独自の)総トン数がある |
| 純トン数 | 貨物船・客船・漁船 | 容積 | ④ | 船の稼働能力を表す |
| 載貨容積トン数 | 貨物船・タンカー | 容積 | ④ | 日本では使われていない。40立方フィートを1トンとして表す |
| 貨物倉容積 | 貨物船・タンカー | 容積 | ④ | 載貨容積トン数の代わりに日本独自に使用。単位は[m³] |

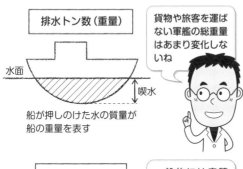

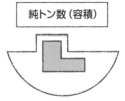

● 宇宙の単位（1）

## 3-63　①光年　②パーセク　③天文単位
### ①ly　②pc　③AU

　私たちがふだん使う単位は、宇宙のスケールでは数字の桁数が大きくなりすぎますので、宇宙を扱うときは、宇宙独自の単位を使うほうが理解しやすく、計算も簡単になります。ここでは、宇宙の距離の単位を取り上げます。

　宇宙スケールの単位のうち、最もよく知られているのが**光年**［**ly**］（ライトイヤー：light-year）です。光年とは光が1年間に進む距離をいい、真空中を進む光の速さは秒速約30万キロメートル、1年は、$60×60×24×365＝31,536,000$［s］なので、1光年を［km］に換算すると、$1\,ly＝300{,}000\,km/s×31{,}536{,}000\,s≒9.461×10^{12}\,km$より、約9.5兆kmになります。

◆パーセクは年周視差で距離を決定

　光年とほぼ同じスケールの距離の単位に、**パーセク**［**pc**：parsec］があり、$1\,pc＝約3.26\,ly＝約3.09×10^{13}\,km$です。パーセクは光の速さが正確に求められるまでは広く使われていて、以前はSI単位との併用が認められていました。パーセクは年周視差で定義され、年周視差が1秒角（1度の3,600分の1）となる距離が1pcとなります。「parsec」は英語の「Parallax second」を略した語で、「Parallax」は「視差」を意味します。**視差**とは、同一物体を2地点から見たときの方向差のこと。地球は太陽の回りを公転しているため、現在とその半年後で、地球から見たときに最大の視差を生じます。その視差の1/2を**年周視差**といいます。年周視差は、地球・太陽・星を結んだ直角三角形の頂点の角度になり、これを1秒角とすると、太陽と地球の平均距離（約1億5,000万km）から、三角法を用いて太陽と星の距離が約$3.09×10^{13}$ kmと求まります（上図）。これが1pcになります。なお、光年とパーセクの使い分けに基準はありませんが、星の明るさを表す**絶対等級**は、星を仮に10pcの距離に置いたときの明るさで決めています（→p160）。

　ところで、上記の「太陽と地球の平均距離」ですが、これを単位にしたものが**天文単位**［**AU**］です。［AU］は「Astronomical Unit」の頭文字で、$1\,AU＝約1.5×10^{8}$ kmです。太陽系内の距離を表すのに、光年やパーセクでは大きすぎるので、天文単位を用いるのが便利です（下表）。なお、光年、パーセク、天文単位はすべて非SI単位ですが、現在は天文単位のみSI単位との併用が認められています。

## ● パーセク[pc]

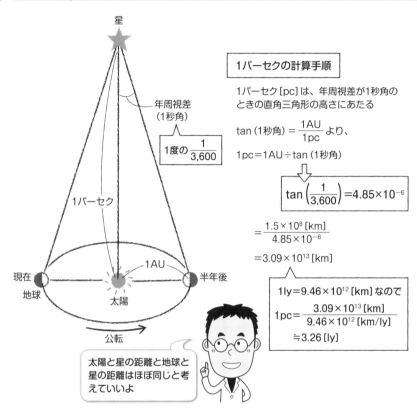

**1パーセクの計算手順**

1パーセク[pc]は、年周視差が1秒角のときの直角三角形の高さにあたる

$\tan(1秒角) = \dfrac{1\text{AU}}{1\text{pc}}$ より、

1pc＝1AU÷tan(1秒角)

$$\tan\left(\dfrac{1}{3{,}600}\right) = 4.85 \times 10^{-6}$$

$= \dfrac{1.5 \times 10^{8}\,[\text{km}]}{4.85 \times 10^{-6}}$

$= 3.09 \times 10^{13}\,[\text{km}]$

1ly＝$9.46 \times 10^{12}$[km] なので

$1\text{pc} = \dfrac{3.09 \times 10^{13}\,[\text{km}]}{9.46 \times 10^{12}\,[\text{km/ly}]}$

$\approx 3.26\,[\text{ly}]$

太陽と星の距離と地球と星の距離はほぼ同じと考えていいよ

## ● 惑星と太陽の平均距離

| 惑星 | 太陽からの平均距離 | |
|---|---|---|
| | [km] | 天文単位[AU] |
| 水星 | 5,800万 | 0.39 |
| 金星 | 1億800万 | 0.72 |
| 地球 | 1億5,000万 | 1.00 |
| 火星 | 2億2,800万 | 1.52 |
| 木星 | 7億8,000万 | 5.21 |
| 土星 | 14億2,900万 | 9.55 |
| 天王星 | 28億7,500万 | 19.22 |
| 海王星 | 45億500万 | 30.11 |

天文単位を導入して数値を小さくすると、惑星が太陽からどれくらい離れているか、地球と比較しやすくなるんだね

## ●宇宙の単位（2）

# 3-64　①太陽質量　②地球質量　③木星質量
### ①$M_\odot$　②$M_\oplus$　③$M_J$

　宇宙で扱う質量も、地球上のスケールに比べると、文字通り"桁違い"の大きさです。たとえば、太陽の質量は約$1.99\times10^{30}$kgもあり、これを桁を表す接頭語を使って表そうとしても、ギガ（$10^9$）、テラ（$10^{12}$）をはるかに超え、残念ながらSI単位系では$10^{24}$（yotta、ヨタ）までしか規定されていないため、正式な表記はありません。しかも、宇宙には太陽の質量を凌駕する天体が無数にあり、星（恒星）にも太陽の数十倍から数百倍の質量を持つものが存在します。また、ブラックホールや銀河の質量となると、さらに桁数が大幅に増えます（上表）。

　こうした巨大質量の天体を表現するのに、天文学では「太陽の何倍の質量」といったふうに、太陽と比較する傾向があります。それを単位にしたのが、太陽の質量を基準値とする**太陽質量**［$M_\odot$］です。「$M$」は質量を意味する「Mass」の頭文字で、添えられている小さな「⊙」は丸の中心に点が入った特殊文字です。「⊙」はもともと占星術や天文学等で使われてきた太陽を表す記号であり、［$M_\odot$］に特別な読み方はありません。ふつうに「太陽質量」と読むのが一般的です。なお、パソコンソフトなどの制約で打てない場合は、［$M_\bigcirc$］のように、添え字を単なる丸「〇」にしたり、あるいはMを使わず「S」で代用することもあります。また、英語では［$M_{sun}$］のように「sun：太陽」を添えることがあります。いずれにしても、太陽質量は太陽の質量を基準とした単位であり、$1M_\odot=1.99\times10^{30}$kgです。

### ◆岩石惑星は地球質量、ガス惑星は木星質量

　太陽質量は、恒星の質量を太陽と比較して恒星の大きさをイメージするのに便利であるものの、太陽よりはるかに質量が小さな惑星を表すには都合がよいとはいえません。そこで導入された単位の1つが、地球の質量を基準にした**地球質量**［$M_\oplus$］です。「⊕」は地球を表す惑星記号ですが、代わりに「Earth：地球」の「E」を添えた「$M_E$」が使われることもあります。$1M_\oplus=5.97\times10^{24}$kgです。ただし、地球質量は地球と同じ岩石惑星に対して使われるのがふつうで、一般に岩石惑星より大きな木星などのガス惑星の質量の基準には、ふつう**木星質量**［$M_J$］が用いられます。添え字の「J」は英語で木星を意味する「Jupiter」の頭文字です。$1M_J=1.90\times10^{27}$kgで、地球質量との関係は、$1M_J=317.8M_\oplus$になります（下図）。

## 主な星の質量

| 星(恒星) | 属する星座 | 連星 | 太陽質量[$M_☉$] | 換算[kg] |
|---|---|---|---|---|
| 太陽 | | | 1 | $1.99×10^{30}$ |
| シリウス | おおいぬ座 | シリウスA | 2.02 | $4.02×10^{30}$ |
| | | シリウスB | 0.98 | $1.95×10^{30}$ |
| カノープス | りゅうこつ座 | | 9.0〜10.6 | $1.791〜2.11×10^{31}$ |
| リギル・ケンタウルス | ケンタウルス座 | リギル・ケンタウルス | 1.10 | $2.19×10^{30}$ |
| | | トリマン | 0.91 | $1.81×10^{30}$ |
| | | プロキシマ・ケンタウリ | 0.12 | $2.39×10^{29}$ |
| アークトゥルス | うしかい座 | | 1〜1.5 | $1.99〜2.98×10^{30}$ |
| ベガ | こと座 | | 2.60 | $5.17×10^{30}$ |
| カペラ | ぎょしゃ座 | カペラAa | 2.57 | $5.11×10^{30}$ |
| | | カペラAb | 2.48 | $4.93×10^{30}$ |
| | | カペラH | 0.53 | $1.05×10^{30}$ |
| | | カペラ | 0.19 | $3.78×10^{29}$ |
| リゲル | オリオン座 | リゲル | 23 | $4.57×10^{31}$ |
| | | リゲルB | 3.84 | $7.64×10^{30}$ |
| | | リゲルC | 2.94 | $5.85×10^{30}$ |
| プロキオン | こいぬ座 | プロキオンA | 1.42 | $2.82×10^{30}$ |
| | | プロキオンB | 0.60 | $1.19×10^{30}$ |
| ベテルギウス | オリオン座 | | 20 | $3.98×10^{31}$ |

※連星とは、2つ(以上)の星が共通重心の回りを公転運動している天体をいう

## 太陽系の惑星の質量

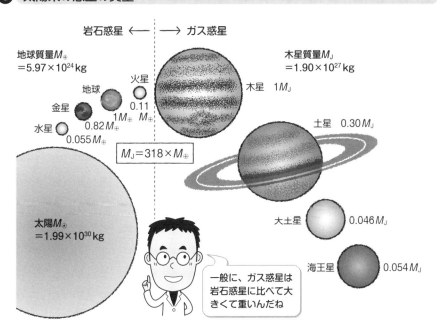

一般に、ガス惑星は岩石惑星に比べて大きくて重いんだね

●宇宙の単位（3）

## 3-65　①見かけの実視等級　②絶対等級
### ①等級　　　　　　　　　　②（絶対）等級

　夜空に輝く星（恒星）を、明るく見える順に並べると、おおいぬ座のシリウス（−1.5等級）、りゅうこつ座のカノープス（−0.7等級）、ケンタウルス座のリギル・ケンタウルス（0.1等級）……と続きます。等級は明るさの尺度ですが、単位として［**等級**］または［**等**］が用いられます。等級の数値は小さいほど明るいことを示しています。もっとも、単位といっても等級は物理量ではなく指標です。通常、等級といえば**見かけの実視等級**を指します。「見かけ」というのは、「地球からの観測」という意味で、「実視」は「人間の視覚」を意味します。光はどんなに強くても人間の目に見える波長でなければ暗いままなので、「実視」は非常に重要です。

　では、見かけの実視等級がどのようにして決められているかというと、まず、基準となる星の存在が必要で、現在はこぐま座のλ（ラムダ）星を6.5等級としてこれを基準としたシステムがつくられました。等級が振り付けられた星をここでは仮に「基準星」と呼び、等級を決めたい星を単に「星」と呼ぶと、基準星と星の間には、【星の等級】−【基準星の等級】＝ $-2.5\log_{10}$（【星の明るさ】／【基準星の明るさ】）の関係が成り立ち、これを**ポグソンの式**といいます。「ポグソン」はイギリスの天文学者ノーマン・ポグソン（1829-91）を指します。式中の「明るさ」は、CCDカメラなどの画像で計測した光の強さですが、人間によく見える緑色の波長を主に通すフィルターを用いたものです。なお、「見かけの実視等級」は、本書の造語であり、一般には単に「**見かけの等級**」とか「**実視等級**」と呼ばれたりしますが、上記のように、本来は、【見かけの等級】≠【実視等級】です（上表）。

### ◆絶対等級はその星本来の明るさを表す

　見かけの実視等級は、実際の星の明るさを反映していないことは明らかです。同じ強さの光を発していても、遠い星は暗く、近い星は明るく見えるからです。そこで、星本来の明るさを比較した尺度が**絶対等級**［**等級**］です。絶対等級は、「その星」が地球から10パーセク［pc］の距離にあったときの見かけの実視等級を表します。見かけの実視等級をここでは仮に「見かけの等級」と呼ぶと、絶対等級と見かけの等級は、【絶対等級】＝【見かけの等級】＋$5-5\log_{10}$（星までの距離）という関係になります。式中の「星までの距離」の単位は［pc］です（下図）。

160

第3章 単位を読み解く

## 明るい星のデータ

●地球から見て明るい星

| 星（恒星） | 見かけの実視等級 | 絶対等級 | 距離 [pc] |
|---|---|---|---|
| 太陽 | −26.75 | 4.82 | $4.91 \times 10^{-6}$ |
| シリウス | −1.46 | 1.43 | 2.64 |
| カノープス | −0.74 | −5.62 | 94.74 |
| リギル・ケンタウルス | −0.1 | 4.25 | 1.35 |
| アークトゥルス | −0.05 | −0.31 | 11.25 |
| ベガ | 0.03 | 0.60 | 7.67 |
| カペラ | 0.08 | −0.51 | 13.12 |
| リゲル | 0.13 | −6.98 | 264.42 |
| プロキオン | 0.37 | 2.64 | 3.51 |
| ベテルギウス | 0.42 | −5.50 | 196.9 |

●等級（見かけの実視等級も絶対等級も）が1違うと、明るさは約2.512倍違う

$$\log_{10}x = \frac{1}{2.5} \text{ より、} \log_{10}x = \log_{10}10^{0.4},\ x = 10^{0.4} \fallingdotseq 2.512$$

●等級が5違うと、明るさはちょうど100倍違う

$$\log_{10}x = \frac{5}{2.5} \text{ より、} \log_{10}x = \log_{10}10^2,\ x = 10^2 = 100$$

太陽はすぐ近くにあるからものすごく明るいけど、絶対等級を見ると、本来はそう明るくないんだね

## 見かけの実視等級と絶対等級

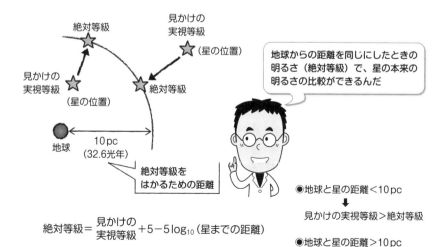

地球からの距離を同じにしたときの明るさ（絶対等級）で、星の本来の明るさの比較ができるんだ

$$絶対等級 = 見かけの実視等級 + 5 - 5\log_{10}(星までの距離)$$

●地球と星の距離＜10pc
　↓
　見かけの実視等級＞絶対等級

●地球と星の距離＞10pc
　↓
　見かけの実視等級＜絶対等級

## コ・ラ・ム ③

# 割合と個数の単位

### ■割合（比率）

割合や比率を表す数値は、同じ物理量どうしの割り算で求められる数値で、無次元量ですが、特別に百分率や千分率などの使用が認められています。

| 割合 | 指数表記 | 記号 | 英語表記 | 読み |
|---|---|---|---|---|
| 10分の1 | $10^{-1}$ | | | |
| 100分の1 | $10^{-2}$ | % | percent | パーセント |
| 1000分の1 | $10^{-3}$ | ‰ | permille | パーミル |
| 1万分の1 | $10^{-4}$ | ‰₀ | permyriad | パーミリアド |
| 10万分の1 | $10^{-5}$ | | | |
| 100万分の1 | $10^{-6}$ | ppm | parts-per-million | ピーピーエム |
| 10億分の1 | $10^{-9}$ | ppb | parts-per-billion | ピーピービー |
| 1兆分の1 | $10^{-12}$ | ppt | parts-per-trillion | ピーピーティー |
| 1,000兆分の1 | $10^{-15}$ | ppq | parts-per-quadrillion | ピーピーキュー |

※日本語(歩合)では、割(わり)、分(ぶ)、厘(りん)、毛(もう)、糸(し)など

### ■個数をまとめた単位

12個で「1ダース」というように、個数をいくつかまとめて1つの単位で表すことがあります。特定の業界だけで使われている単位も多数あります。

| 数詞 | 英語表記 | 換算 | 個数 | 漢字表記 |
|---|---|---|---|---|
| カートン | carton | | (タバコ)10箱 | |
| デカ | deca | | (手袋など)10着 | |
| ダース | dozen | | 12個 | 打 |
| スコア | score | | 20個 | |
| スモールグロス | small gross | 10ダース | 120個 | 小籮 |
| グロス | gross | 12ダース | 144個 | 籮(ろ) |
| リーム | ream | | (紙)1,000枚 | 連 |
| グレートグロス | great gross | 12グロス | 1,728個 | 大籮 |

※カートンは本来厚紙などでつくった紙の容器を意味し、「10個入り」とは限らない
※リーム(連)が1,000枚を表すのは日本の場合

# 索　　引

## 数字・欧字・記号

Ω（オーム）▶72,74,80
$Ω^{-1}$（毎オーム）▶74
％（パーセント）▶88,114
‰（パーミル）▶114
$1/4πε_0$（クーロン定数）▶130
12平均律▶98
200HV0.5▶106
A（アンペア）▶12,22,68,72
a（アール）▶32
Å（オングストローム）▶122
$a_0$（ボーア半径）▶122
A/m（アンペア毎メートル）▶62
A/Wb（アンペア毎ウェーバ）▶74
A・m（アンペアメートル）▶58,60
A・$m^2$（アンペア平方メートル）▶70
A・s（アンペア秒）▶58
A・V（アンペアボルト）▶76
Abs（アブス）▶88
ac（エーカー）▶32
amu（原子質量単位）▶124
AT（アンペアターン）▶72
atm（標準大気圧）▶56
AU（天文単位）▶156
A特性音圧レベル▶94
A特性補正▶94
b（バーン）▶122
B/s（バイト毎秒）▶136
baud, Bd（ボー）▶136
bit（ビット）▶132
Bps（バイト毎秒）▶136
bps（ビット毎秒）▶136
Bq（ベクレル）▶110
Bq/kg（ベクレル毎キログラム）▶110
Bq/L（ベクレル毎リットル）▶110
byte（バイト）▶132
C（クーロン）▶22,58,64
c（光速）▶130
℃（セ氏度）▶24
C/kg（クーロン毎キログラム）▶110
C/$m^2$（クーロン毎平方メートル）▶64
C/V（クーロン毎ボルト）▶78
C・m（クーロンメートル）▶70
C・V（クーロンボルト）▶76
C・V/s（クーロンボルト毎秒）▶70
cal（カロリー）▶100
CAPE（ケープ）▶148
cd（カンデラ）▶12,28,84
cd/$m^2$（カンデラ毎平方メートル）▶84
cent（セント）▶98
CGS単位系▶18
Ci（キュリー）▶110
clock（クロック）▶134
CPI（シーピーアイ）▶134
cps（キャラクター毎秒）▶136

D（ディオプトリ）▶86
D（デバイ）▶70
d（日）▶20
d(A)（デシベルエー）▶94
Da（ダルトン）▶124
dB（デシベル）▶92,94
dB(A)（デシベルエー）▶94
dpi（ディーピーアイ）▶138
Dptr（ディオプトリ）▶86
$E_h$（ハートリー）▶126,128
$E_{Ryd}$▶126,128
E-B対応▶58
E-H対応▶58
EFスケール（改良藤田スケール）▶148
eV（電子ボルト）▶126
F（ファラド）▶66,78
F（力氏度）▶24
F/m（ファラド毎メートル）▶60,66
FLOPS（フロップス）▶134
fm（フェルミ）▶122
Fスケール（藤田スケール）▶148
G（重力加速度）▶42
G（万有引力定数）▶130
g/L（グラム毎リットル）▶38
Gal（ガル）▶142
Gy（グレイ）▶112
H（ヘンリー）▶66,74,78
h（時）▶20
h（プランク定数）▶130
ℏ（ディラック定数）▶130
$H^{-1}$（毎ヘンリー）▶74
h/$E_h$（エイチバー毎ハートリー）▶128
h/$E_{Ryd}$（エイチバー毎リュードベリ）▶128
H/m（ヘンリー毎メートル）▶60,66
ha（ヘクタール）▶32
Hartree（ハートリー）▶126,128
hPa（ヘクトパスカル）▶56
Hz（クロック周波数）▶134
Hz（ヘルツ）▶80,82,98
IPC（アイピーシー）▶134
J（ジュール）▶48,54,76,100,104
J/(g・K)（ジュール毎グラム毎ケルビン）▶100
J/(kg・K)（ジュール毎キログラム毎ケルビン）▶100
J/(mol・K)（ジュール毎モル毎ケルビン）▶100,120
J/C（ジュール毎クーロン）▶72
J/K（ジュール毎ケルビン）▶100,104
J/kg（ジュール毎キログラム）▶112,148
J/mol（ジュール毎モル）▶118
J/s（ジュール毎秒）▶48,76
JEFスケール（日本版改良藤田スケール）▶148
K（ケルビン）▶12,24

k（ボルツマン定数）▶130
kat（カタール）▶118
kg（キログラム）▶12,44
kg/$m^3$（キログラム毎立方メートル）▶38,114
kg・m/s（キログラムメートル毎秒）▶46
kg・m/$s^2$（キログラムメートル毎秒毎秒）▶42
kg・$m^2$（キログラム平方メートル）▶52
kg-$CO_2$/kWh（キログラムシーオーツー毎キロワットアワー）▶150
kgf(kgw)（キログラム重）▶42
kgf/$mm^2$（キログラム重毎平方ミリメートル）▶106
kine（カイン）▶140,142
kt（ノット）▶40,152
kW/$m^2$（キロワット毎平方メートル）▶146
kW・h（キロワットアワー，キロワット時）▶76
L, l（リットル）▶34
$ℓ_p$（プランク長）▶130
lm（ルーメン）▶28,84
lm/$m^2$（ルーメン毎平方メートル）▶84,88
lpi（エルピーアイ）▶138
lx（ルクス）▶84
ly（光年）▶156
M（マグニチュード）▶144
m（メートル）▶12,16,80,82,90
$m^{-1}$（毎メートル）▶86,88
$m^2$（平方メートル）▶32
$m^3$（立方メートル）▶34
$m_B$（実体波マグニチュード）▶144
$M_E$（地球質量）▶158
$M_J$（気象庁マグニチュード）▶144
$M_J$（木星質量）▶158
$M_L$（ローカル・マグニチュード）▶144
$m_p$（プランク質量）▶130
$M_s$（表面波マグニチュード）▶144
$M_{sun}$（太陽質量）▶158
$M_W$（モーメント・マグニチュード）▶144
$M_⊕$（地球質量）▶158
$M_☉$（太陽質量）▶158
$M_○$（太陽質量）▶158
m/s（メートル毎秒）▶40
m/$s^2$（メートル毎秒毎秒）▶40
$m^2$/s（平方メートル毎秒）▶108
mach（マッハ数）▶40
mass%（質量百分率）▶114
mbar（ミリバール）▶56
mel（メル）▶98
min（分）▶20
MJ/$m^2$（メガジュール毎平方メートル）▶146
MJ/t（メガジュール毎トン）▶150

163

MKSA単位系 ▶ 18
mmHg(水銀柱ミリメートル) ▶ 56
mmu(ミリ原子質量単位) ▶ 124
mol(モル) ▶ 12,26
mol/L(モル毎リットル) ▶ 114
mol/(L·s)(モル毎リットル毎秒) ▶ 118
mol/m³(モル毎立方メートル) ▶ 114
mol/s(モル毎秒) ▶ 118
ms(ミリ秒) ▶ 136
mW/m²(ミリワット毎平方メートル) ▶ 146
N(ニュートン) ▶ 18,22,40,42,44,76
N/(A·m)(ニュートン毎アンペア毎メートル) ▶ 64
N/A²(ニュートン毎アンペア毎アンペア) ▶ 66
N/C(ニュートン毎クーロン) ▶ 62
N/m²(ニュートン毎平方メートル) ▶ 56
N/V²(ニュートン毎ボルト毎ボルト) ▶ 66
N/Wb(ニュートン毎ウェーバ) ▶ 62
N·m(ニュートンメートル) ▶ 48,54
N·m·s(ニュートンメートル秒) ▶ 52
N·s(ニュートン秒) ▶ 46
nt(ニト) ▶ 84
octet(オクテット) ▶ 132
P(ポアズ) ▶ 108
PA(UV-A防御指数) ▶ 146
Pa(パスカル) ▶ 56,92,106
Pa·s(パスカル秒) ▶ 108
pc(パーセク) ▶ 156
ph(フォト) ▶ 84
phon(フォン) ▶ 94
PL値(液状化指数) ▶ 140
ppi(ピーピーアイ) ▶ 138
ppm(パーツパーミリオン) ▶ 90,114
pt(ポイント) ▶ 138
Q(級数) ▶ 138
$q_p$(プランク電荷) ▶ 130
R(レントゲン) ▶ 110
rad(ラジアン) ▶ 16,36
rad(ラド) ▶ 112
rad/s(ラジアン毎秒) ▶ 50
rad/s²(ラジアン毎秒毎秒) ▶ 50
rem(レム) ▶ 112
rlx(ラドルクス) ▶ 88
Ry(リュードベリ) ▶ 126,128
S(ジーメンス) ▶ 74,80
S(スヴェドベリ) ▶ 128
s(クロック周期) ▶ 134
s(秒) ▶ 12,20,82
s⁻¹(毎秒) ▶ 82
sb(スチルブ) ▶ 84
SI値(スペクトル強度) ▶ 140
sone(ゾーン) ▶ 94
sr(ステラジアン) ▶ 28,36
Sv(シーベルト) ▶ 112
T(テスラ) ▶ 64
t(トン) ▶ 18,154
$T_p$(プランク温度) ▶ 130
$t_p$(プランク時間) ▶ 130

Torr(トル) ▶ 56
u(統一原子質量単位) ▶ 124
UV-A防御指数 ▶ 146
UV-A(紫外線A波) ▶ 146
UV-B(紫外線B波) ▶ 146
UV-C(紫外線C波) ▶ 146
UVインデックス ▶ 146
V(ボルト) ▶ 68,72
V/A(ボルト毎アンペア) ▶ 74
V/m(ボルト毎メートル) ▶ 62
V·m(ボルトメートル) ▶ 60
vol%(体積百分率) ▶ 114
W(ワット) ▶ 48,54,76,96
W/(m·K)(ワット毎メートル毎ケルビン) ▶ 102
W/(m²·K)(ワット毎平方メートル毎ケルビン) ▶ 102
W/A(ワット毎アンペア) ▶ 72
W/m²(ワット毎平方メートル) ▶ 96,102
Wb(ウェーバ) ▶ 58,64
Wb/A(ウェーバ毎アンペア) ▶ 74,78
Wb/m²(ウェーバ毎平方メートル) ▶ 64
Wb·m(ウェーバメートル) ▶ 70
word(ワード) ▶ 132
Y(ユカワ) ▶ 122

## あ行

アール ▶ 32
圧力 ▶ 56
アドミタンス ▶ 80
アブス ▶ 88
アボガドロ数(アボガドロ定数) ▶ 24,26
アンペア ▶ 12,22,68,72
アンペア回数 ▶ 72
アンペアターン ▶ 72
アンペア秒 ▶ 58
アンペア平方メートル ▶ 70
アンペアボルト ▶ 76
アンペア毎ウェーバ ▶ 74
アンペア毎メートル ▶ 62
アンペアメートル ▶ 58,60
アンペールの法則 ▶ 62
インダクタンス ▶ 66,78
ウェーバ ▶ 58,64
ウェーバー・フェヒナーの法則 ▶ 92
ウェーバ毎アンペア ▶ 74,78
ウェーバ毎アンペア毎メートル ▶ 66
ウェーバ毎平方メートル ▶ 64
ウェーバメートル ▶ 70
運動方程式 ▶ 42
運動量 ▶ 46
運動量保存の法則 ▶ 46
雲量 ▶ 146
エイチバー毎ハートリー ▶ 128
エイチバー毎リュードベリ ▶ 128
エーカー ▶ 32
液状化指数 ▶ 140
エネルギー ▶ 48
エネルギー消費原単位 ▶ 150

エレクトロンボルト ▶ 126
エンタルピー ▶ 104
エントロピー ▶ 104
エントロピー増大の原理 ▶ 104
応答速度 ▶ 136
応力 ▶ 56
オーム ▶ 74,80
オームの法則 ▶ 74
オクターブ ▶ 98
オクテット ▶ 132
音の大きさ ▶ 94
音の大きさレベル ▶ 94
音の三要素 ▶ 92
音の高さ ▶ 98
音の強さ ▶ 96
重さ ▶ 18,44
音圧 ▶ 92
音圧レベル ▶ 92
音響インテンシティ ▶ 96
音響エネルギー ▶ 96
音響パワー ▶ 96
オングストローム ▶ 122
音程 ▶ 98

## か行

価 ▶ 116
カイン ▶ 140,142
解像度 ▶ 138
回転運動 ▶ 52
海里 ▶ 152
改良藤田スケール ▶ 148
角運動量 ▶ 52
角加速度 ▶ 50
核子 ▶ 124
角速度 ▶ 50
角度 ▶ 36
カ氏度(華氏度) ▶ 24
価数 ▶ 116
加速度 ▶ 40
画素 ▶ 138
画素密度 ▶ 138
カタール ▶ 118
硬さ ▶ 106
活性化エネルギー ▶ 118
画面解像度 ▶ 138
ガル ▶ 142
カロリー ▶ 100
換算プランク定数 ▶ 128,130
慣性質量 ▶ 44
慣性モーメント ▶ 52
カンデラ ▶ 12,28,84
カンデラ毎平方メートル ▶ 84
気象庁マグニチュード ▶ 144
起磁力 ▶ 22,72
気体定数 ▶ 24,120
起電力 ▶ 72
輝度 ▶ 84,88
キャラクター毎秒 ▶ 136
キャリア波 ▶ 136
級 ▶ 138

164

索　引

吸光度▶88
吸収係数▶88
吸収線量▶112
級数▶138
吸熱反応▶118
キュリー▶110
キログラム▶12,44
キログラム原器▶18
キログラムシーオーツー毎キロワットアワー▶150
キログラム重▶42
キログラム重平方ミリメートル▶106
キログラム平方メートル▶52
キログラム毎立方メートル▶38,114
キログラムメートル毎秒▶46
キログラムメートル毎秒毎秒▶42
キロワットアワー，キロワット時▶76
キロワット毎平方メートル▶146
クーロン▶22,58,64
クーロン定数▶66,130
クーロンの法則▶66
クーロンボルト▶70
クーロンボルト毎秒▶76
クーロン毎キログラム▶110
クーロン毎平方メートル▶64
クーロン毎ボルト▶78
クーロンメートル▶70
クーロン力▶62
屈折▶86
屈折角▶86
屈折度▶86
組立単位▶10
グラム毎リットル▶38
グレイ▶112
クロック▶134
クロックサイクル数▶134
クロック周期▶134
クロック周波数▶134
計測震度▶140
ケルビン▶12,24
間▶32
原子質量単位▶124
原子単位系▶126,128
合▶34
向心加速度▶50
向心力▶50
光速▶130
光束▶28,84
光束発散度▶88
光度▶28,84
光年▶156
紅斑紫外線強度▶146
弧度▶36
固有音響抵抗▶96
コンダクタンス▶74,80

## さ行

載貨重量トン数▶154
サセプタンス▶80
作用▶128

散乱日射▶146
時▶20
磁位▶68
磁位差▶22,68
シーベルト▶112
ジーメンス▶74,80
磁化▶66
磁界▶62
紫外線防御指数▶146
視角▶86
磁気▶22
磁気回路▶72
磁気回路のオームの法則▶74
磁気双極子モーメント▶70
磁気抵抗▶72,74
磁気的位置エネルギー▶68
磁気モーメント▶70
磁気誘導▶66
磁気量▶58
磁気力▶58,62
自己インダクタンス▶78
仕事▶48,54
仕事の熱当量▶100
仕事率▶48,54
自己誘導▶78
視差▶156
地震動の加速度▶40
地震モーメント▶144
磁性体▶66
自然単位▶128
自然単位系▶128
磁束▶58,64
磁束密度▶38,58,64
実効線量▶112
実視等級▶160
実体波マグニチュード▶144
質量▶44
質量濃度▶114
質量パーセント濃度▶114
質量百分率▶114
磁場▶58,60,62
磁場の強さ▶62
シャルルの法則▶120
自由エネルギー▶104
周期▶82
周波数▶80,82,98
重量キログラム▶42
重力加速度▶18,42
重力キログラム▶42
重力質量▶44
重力定数▶130
重力による加速度▶40
ジュール▶48,54,76,100,104
ジュール毎キログラム▶112,148
ジュール毎キログラム毎ケルビン▶100
ジュール毎クーロン▶72
ジュール毎グラム毎ケルビン▶100
ジュール毎ケルビン▶100,104
ジュール毎秒▶48,76
ジュール毎モル▶118

ジュール毎モル毎ケルビン▶100,120
出力▶54
純トン数▶154
升▶34
畳▶32
照射線量▶110
照度▶84,88
触媒▶118
触媒活性▶118
視力▶86
磁力▶58
磁力線▶60
磁力線の数▶60
震度▶140
振動数▶82,98
震度階級▶140
振幅▶80,82
水銀柱ミリメートル▶56
水素イオン指数▶116
スヴェドベリ▶128
スクリーン線数▶138
スチルブ▶84
ステラジアン▶28,36
スネルの法則▶86
スペクトル強度▶140
静止質量▶124
静電エネルギー▶126
静電容量▶66,78
絶縁体▶66
セッキー円盤▶90
セッキ板▶90
セ氏度（摂氏度）▶24
接続水域▶152
絶対温度▶24
絶対屈折率▶86
絶対等級▶156,160
絶対零度▶24
セルシウス度▶24
剪断応力▶108
剪断速度▶108
全天日射▶146
セント▶98
千分率▶114
相互インダクタンス▶78
相互誘導▶78
相対屈折率▶86
総トン数▶154
ソーン▶94
速度▶40
速度マグニチュード▶144
組織加重係数▶112
素電荷▶58
疎密波▶92

## た行

体積▶16,34
体積パーセント濃度▶114
体積百分率▶114
太陽質量▶158
対流伝熱▶102

165

対流有効位置エネルギー▶148
濁度▶90
縦波▶92
ダルトン▶124
反▶32
単位立体角▶28
力▶42
力のモーメント▶54
地球温暖化係数▶150
地球質量▶158
町▶32
長周期地震動▶140
直達日射▶146
直流回路▶72
沈降係数▶128
通信速度▶136
坪▶32
ディオプター▶86
ディオプトリ▶86
ディラック定数▶128,130
デシベル▶92,94
デシベルエー▶94
テスラ▶64
デバイ▶70
電圧▶68,72
電位▶68
電位差▶68,72
電荷▶58
電界▶62
電気▶22
電気回路▶72
電気双極子▶70
電気双極子モーメント▶70
電気抵抗▶72,74,80
電気的位置エネルギー▶68
電気量▶58,76
電気力線▶60
電気力線の数▶60
電磁気▶22
電磁波の速さ▶82
電子ボルト▶126
電磁誘導▶78
電束▶64
電束密度▶38,64
伝熱工学▶102
電場▶58,60,62
電場の強さ▶62
天文単位▶156
電離▶116
電離度▶116
電力▶76
電力量▶76
度▶90,98
等▶160
統一原子質量単位▶124
等価線量▶112
透過度▶88
透過率▶88
等級▶160
透視度▶90

透磁率▶60,66
等速円運動▶50
等速直線運動▶50
動粘性係数▶108
動粘度▶108
透明度▶90
透明度板▶90
度数法▶36
トリチェリの実験▶56
トル▶56
トルク▶54
ドルトン▶124
トン▶18,154

## な行

長さ▶16
二酸化炭素排出原単位▶150
日▶20
ニト▶84
日本版改良藤田スケール▶148
入射角▶86
ニュートン▶18,22,40,42,44,76
ニュートン秒▶46
ニュートン毎アンペア毎アンペア▶66
ニュートン毎アンペア毎メートル▶64
ニュートン毎ウェーバ▶62
ニュートン毎クーロン▶62
ニュートン毎平方メートル▶56
ニュートン毎ボルト毎ボルト▶66
ニュートンメートル▶48,54
ニュートンメートル秒▶52
熱伝達率▶102
熱伝導▶102
熱の仕事当量▶100
熱放射▶102
熱容量▶100
熱力学▶102
熱力学温度▶24
熱流束▶102
熱流束密度▶102
熱量▶100
年周視差▶156
粘性▶108
粘性係数▶108
粘度▶108
濃度▶114
ノット▶40,152

## は行

パーセク▶156
パーセント▶88,114
ハートリー▶126,128
ハートリー原子単位系▶126,128
パーミアンス▶74
パーミル▶114
バーン▶122
排水トン数▶154
排水量▶154
排他的経済水域▶152
バイト▶132

バイト毎秒▶136
パスカル▶56,92,106
パスカル秒▶108
波長▶82
発熱反応▶118
速さ▶40
馬力▶54
反射率▶88
搬送波▶136
反応速度▶118
万有引力定数▶130
ピーピーエス▶136
ピクセル▶138
ピクセル密度▶138
比重▶38
ピッチ▶98
ビット▶132
ビット毎秒▶136
比熱▶100
比熱容量▶100
被曝線量▶112
百万分率▶114
秒▶12,20,82
標準大気圧▶56
表面波マグニチュード▶144
ピン(PING)▶136
ファーレンハイト度▶24
ファラド▶66,78
ファラド毎メートル▶60,66
フーリエの法則▶102
フェルミ▶122
フォト▶84
フォン▶94
藤田スケール▶148
物理量▶26
浮動小数点演算速度▶134
不導体▶66
プランク温度▶130
プランク時間▶130
プランク質量▶130
プランク単位系▶130
プランク長▶130
プランク定数▶18,128,130
プランク電荷▶130
プログラム実行時間▶134
フロップス▶134
分▶20,86
平均太陽年▶20
平均太陽日▶20
並進運動▶52
平方メートル▶32
平方メートル毎秒▶108
平面角▶36
併用単位▶10
ヘクタール▶32
ヘクトパスカル▶56
ベクレル▶110
ベクレル毎キログラム▶110
ベクレル毎リットル▶110
ヘルツ▶80,82,98

# 索　引

変位マグニチュード▶144
変調▶136
ヘンリー▶66,74,78
ヘンリー毎メートル▶60,66
ポアズ▶108
ボイル・シャルルの法則▶120
ボイルの法則▶120
ポイント▶138
放射性物質▶110
放射線▶110
放射線加重係数▶112
放射線源▶110
放射能▶110
ボー▶136
ボーア半径▶122
ポグソンの式▶160
ホプキンソンの法則▶74
ボルツマン定数▶24,130
ボルト▶68,72
ボルト毎アンペア▶74
ボルト毎メートル▶62
ボルトメートル▶60

## ま行

毎秒▶82
毎ヘンリー▶74
毎メートル▶86,88
マグニチュード▶144
マッハ数▶40
見かけの実視等級▶160
見かけの等級▶160
密度▶38
ミリ原子質量単位▶124
ミリバール▶56
ミリ秒▶136
ミリマスユニット▶124

ミリワット毎平方メートル▶146
無次元量▶38,40,86,88,116,150
メートル▶12,16,80,82,90
メートル原器▶16
メートル毎秒▶40
メートル毎秒毎秒▶40
メガジュール毎トン▶150
メガジュール毎平方メートル▶146
メル▶98
メル尺度▶98
面積▶16,32
モーメント・マグニチュード▶144
木星質量▶158
モル▶12,26
モル熱容量▶100
モル濃度▶114
モル比熱▶100
モル毎秒▶118
モル毎リットル▶114
モル毎リットル毎秒▶118
モル毎立方メートル▶114

## や行

誘電体▶66
誘電分極▶66
誘電率▶60,66
誘導起電力▶78
誘導性リアクタンス▶80
ユカワ▶122
容積▶34
容量性リアクタンス▶80
横波▶92

## ら行

ライトイヤー▶156

ラウドネス▶94
ラウドネスレベル▶94
ラジアン▶16,36
ラジアン毎秒▶50
ラジアン毎秒毎秒▶50
ラド▶112
ラドルクス▶88
リアクタンス▶80
力積▶46
理想気体の状態方程式▶120
立体角▶28,36
リットル▶34
立方メートル▶34
流束▶102
流束密度▶102
リュードベリ▶126,128
リュードベリ原子単位系▶128
領海▶152
リラクタンス▶74
ルーメン▶28,84
ルーメン毎平方メートル▶84,88
ルクス▶84
レジスタンス▶80
レベル▶92
レム▶112
レントゲン▶110
ローカル・マグニチュード▶144
ローレンツ力▶76

## わ行

ワード▶132
ワット▶48,54,76,96
ワット毎アンペア▶72
ワット毎平方メートル▶96,102
ワット毎平方メートル毎ケルビン▶102
ワット毎メートル毎ケルビン▶102

# 参考文献

◎『新SI単位と電磁気学』佐藤文隆・北野正雄著　2018年　岩波書店刊
◎『総合的研究 物理』平尾淳一著　2018年　旺文社刊
◎『総合的研究 化学』妻木貴雄著　2012年　旺文社刊
◎『理科年表 平成30年』2017年　丸善出版刊
◎『新・単位がわかると物理がわかる』和田純大・人上雅史・根本和昭著　2014年　ベレ出版刊
◎『電磁気学の基礎マスター』堀桂太郎監修・粉川昌巳著　2006年　電気書院刊
◎『最新知識 単位・定数小事典』海老原寛著　2005年　講談社刊

―――― 著者紹介 ――――

**白石　拓**（しらいし　たく）

本名、佐藤拓。1959年、愛媛県生まれ。京都大学工学部卒。サイエンスライター。弘前大学ラボバス事業（文科省後援）に参加、「弘前大学教育力向上プロジェクト講師（2009～15年）。遺伝子から宇宙論まで幅広い科学分野の執筆に従事。主な著書は『医師の正義』（2008年宝島社）、『ノーベル賞理論！　図解「素粒子」入門』（2008年宝島社）、『ここまでわかった「科学のふしぎ」』（2010年講談社）、『高層マンション症候群』（2010年祥伝社）、『透明人間になる方法　スーパーテクノロジーに挑む』（2012年PHP研究所）、『太陽と太陽系の謎』（2013年宝島社）、『地球46億年目の新発見』（2014年宝島社）、『異常気象の疑問を解く』（2015年廣済堂出版）、『「ひと粒五万円！」世界一のイチゴの秘密』（2017年祥伝社）他多数。

きちんと使いこなす！
「単位」のしくみと基礎知識　　　　　　　NDC 420.72

2019年3月25日　初版1刷発行　　（定価は、カバーに表示してあります）

Ⓒ著　者　白　石　　　拓
発行者　井　水　治　博
発行所　日　刊　工　業　新　聞　社
　　　　東京都中央区日本橋小網町14-1
　　　　　　　　　（郵便番号　103-8548）
　　電　話　書籍編集部　03-5644-7490
　　　　　　販売・管理部　03-5644-7410
　　　　　　ＦＡＸ　　　03-5644-7400
　　振替口座　00190-2-186076
　　URL　　http://pub.nikkan.co.jp/
　　e-mail　info@media.nikkan.co.jp
　　　　印刷・製本　美研プリンティング

落丁・乱丁本はお取り替えいたします。　　2019 Printed in Japan
ISBN978-4-526-07948-1　C 3050
本書の無断複写は、著作権法上での例外を除き、禁じられています。